本书的出版得到林木遗传育种国家重点实验室创新项目（2013B09）的资助

白杨杂交育种

赵曦阳　邬荣领　著

中国林业出版社

图书在版编目（CIP）数据

白杨杂交育种/赵曦阳，邬荣领著. －北京：中国林业出版社，2013. 7
ISBN 978-7-5038-7228-0

Ⅰ. 白…　Ⅱ. ①赵…　②邬…　Ⅲ. ①白杨－杂交育种　Ⅳ. ①S792. 119. 04

中国版本图书馆 CIP 数据核字（2013）第 235679 号

出版发行　中国林业出版社（100009　北京西城区刘海胡同 7 号）
电　　话　83229512
印　　刷　北京中科印刷有限公司
版　　次　2013 年 7 月第 1 版
印　　次　2013 年 7 月第 1 次
成品尺寸　170mm × 230mm
印　　张　10. 25　　彩插　0. 25
字　　数　20 千字
定　　价　35. 00 元

前 言

杨树是杨柳科（Salicaceae）杨属（*Populus*）树种的统称，其栽培历史悠久、分布广泛、种类繁多且与人们的生活密切相关，无论在平原、山区、丘陵均有广泛栽培。近百年来，杨树人工栽培品种已经在生产上广泛应用，这些品种或是经过天然林选出的优良个体，或是经过杂交、诱变等手段所获得。随着现代遗传学理论的发展，多倍体诱导、转基因等技术的应用，人工创造变异的方法和途径逐渐增多，但无论是过去、现在还是将来，杂交育种仍然是培育杨树新品种的重要手段。

1912 年英国学者 Henry A 利用棱枝杨与毛果杨进行首次杨树人工杂交试验，选育出了速生、适应性强的格氏杨，此后杨树杂交育种得到迅速发展，美国、前苏联、加拿大、波兰等国先后培育并推广许多优良品种，意大利在杨树育种中一直处于世界前列，所选育的众多欧美杨杂交品种在世界广泛栽培。

杨树分为 5 大派系，其中白杨派树种有极强的适应性，在不同纬度地带，都可以见到白杨派树种生长。我国自 20 世纪 40 年代开始白杨派种间杂交试验，至今已选育出大批生长表现优良的品种，在生态防护林建设和生产建设中发挥了巨大的作用。但是，我国杨树育种工作也存在许多不足，长期以来，育种专家进行大批量的杨树杂交工作，但选育出的优良无性系较少，选择效率比同期的国外杨树良种选育效率低。在选择方法上，单纯考虑生长量、抗逆性等方面，利用多角度、多方面联合评价选择研究较少。研究中通常忽视基因型与环境的互作，对品种的遗传稳定性分析较少。在区域化试验中，测定时间短，不能正确选定不同栽培区的适应品种。随着新品种的增多，品种混杂现象严重，而常规形态学鉴定方法不完善，分子手段与常规育种结合不够紧密等。

我们开展了白杨派内杂交试验，对子代苗期生长模型进行构建，并在前期杂交获得杂种无性系基础上，对白杨杂种无性系进行遗传稳定性分析，生物量、干形、叶片性状、抗氧化系统等多指标分析，研究无性系间变异规律，对无性系进行综合评价。同时利用 SSR 分子标记手段对无性系进行指纹图谱的构建和遗传距离分析，探讨不同无性系间遗传变异规律，为杨树遗传改良和优良无性系评价筛选提供依据。

在此书稿付梓之际，谨向参加课题工作的所有科研人员表示诚挚的谢意。由于水平有限，本书尚存疏漏和不当之处，敬请广大读者批评指正。

著 者

2013 年 5 月

目　录

绪 论

杨树是杨柳科(Salicacese)杨属(*Populus*)树种的统称。其生长迅速，发育周期短，一般6~10年达到成熟，开花结果。杂种更早，如山杨与毛白杨杂种，3年生即可开花。杨树在世界主要分布于北半球温带和寒带地区。我国杨树资源十分丰富，包含5大派53种(徐纬英，1988)，是我国人工林产业化栽培的主要树种之一，为我国生态环境的改善和生态工程建设作出了积极贡献(李文荣，2008)。目前，世界林业生产中推广应用的优良杨树树种主要是经过人工杂交培育的，杂种往往比双亲表现出更优良的生长速率和代谢功能，具有生长快、抗病、抗虫、抗逆强的特点，已经在生产上取得了巨大经济效益、生态效益和社会效益(李善文，2004)。

1 杨树杂交育种研究进展

1.1 国外杨树杂交育种概况

国外杨树杂交育种已有近100年的历史。1912年，英国学者Henry A首次进行杨树杂交(斯塔罗娃H B，1984)，采用棱枝杨(*P. deltoides* var. *angulata*)与毛果杨(*P. trichocarpa*)杂交，选育出速生、环境适应性强的格氏杨(*P. generosa*)。随后，各国均开展了杂交育种研究。

1.1.1 美国

自1924年，美国进行了系统的杨树杂交育种工作，用美洲山杨(*P. tremuloides*)、银白杨(*P. alba*)等为亲本做了100个杂交组合，得到上万株杂种苗。明尼苏达州大学北方中心实验站进行了毛果杨和不同种源的美洲黑杨(*P. deltoides*)杂交，以速生、抗寒为目标选育出NE-311、NE-296、NE-200等杂种无性系(Dickmann et al, 1985)。东北林业试验站培育成功欧美杨无性系NE 222号杨(*P.* ×*euramericana*‘NE222’)(李文荣，2008)。Li等(1993)对大湖州40年的白杨派杂交育种工作进行总结，结果发现美洲山杨×欧洲山杨的杂种单株材积生长量是美洲山杨的2倍。太平洋西北地区从毛果杨和美洲黑杨的杂交开始，已经完成了一个完整的育种周期(Stettler, 1996)。Stettler R F 等以毛果杨为母本、美洲黑杨为父本杂交选育出 11－11、15－29、23－91、24－305、49－177、184－411 等优良无性系，这些无性系具有生长快、叶片大、生根能力强等特性(Stettler et al, 1988; Ceulemans et al, 1992)。

1.1.2 前苏联

前苏联于 1933 年开始进行杨树杂交育种工作，从银白杨(*P. alba*)与新疆杨杂交后代(*P. bolleana*)中选出莫斯科银毛杨(*P. suaveolens* × *P. tremula*)和苏维埃塔型杨(*P. alba* × *P. bolleana*)，从欧洲山杨和新疆杨的杂交后代中选出雅布洛考夫杨(*P. treaula* × *P. bolleana*)(叶培忠，1955；施溯筠等，2000)。并于 1958～1967 年从雪白杨(*P. alba* var. *nivea*)与巨型山杨杂交组合中得到乌兹别克先锋杨，用欧洲山杨和灰杨(*P. canescens*)杂种与新疆杨杂种杂交获得绿化观赏用品种黑加杨。从欧洲黑杨×钻天杨组合中选出适合培育胶合板材的良种，且培育出少先队员杨、俄罗斯杨、米丘林工作者杨等。从欧美杨(*P.* × *euramericana*)×钻天杨组合中选出特洛波格李茨基杨，10 年树高达 23m，胸径 29.7cm(马常耕，1984)。在香脂杨育种中育成了莫斯科郊区杨和伊凡切夫杨，用毛果杨与苦杨杂交，培育出抗寒、抗病、速生的友谊杨(马常耕，1984)。从钻天杨×毛果杨杂交组合中选出鲁宾杨 2 号，该无性系抗寒、抗锈病。用钻天杨与苦杨培育出新中东杨(马常耕，1984)。Tsarev A P 利用优良性状个体做杂交组合，获得杂交苗木 5.9 万株，经长期测定，选出 135 株表现最好的杂种个体(施溯筠等，2000)。

1.1.3 意大利

意大利在杨树育种方面一直处于世界前列，1923 年意大利育种先驱 Jacometti 用欧美杨雌株与欧洲黑杨回交，培育出抗春季落叶病的 I－154 杨(*P.* × *euramericana* cl. I－154)。1929 年 Jacometti 教授用欧美杨与卡罗林杨杂交，经 Piccarolo 教授选育出一批欧美杨无性系，如 I－214、I－488、I－455 和 I－262 等。其中 I－214 无性系生长快，适应性强而被世界广泛引种。1963 年发现 I－214 杨易感染褐斑病(*Marssonina brunnea*)，杨树育种学家 Avanzo E 教授与病理学家 Cellerina G P 教授合作，选育出抗褐斑病的无性系阿万佐杨(*P.* × *euramencana cl.* 'Luisa Avanzo')和西玛杨(*P.* × *euramencana cl.* 'Cima')，并用这两个无性系逐渐更替 I－214 杨(张绮纹，1987)。1968 年从天然杂种欧美杨中选育出无性系比利尼杨(*P.* × *euramericana* 'Bellini')(李文荣，2008)。还利用美国伊利诺伊州的美洲黑杨作为母本，与意大利欧洲黑杨杂交得到欧美杨 107 杨(*P.* × *euramericana* '74/76')，利用欧美杨天然杂种选育欧美杨108杨(*P.* ×*euramericana*'Guariento')，这两个无性系因速生、易繁殖，干形和冠形优良，材质好，抗逆性和抗病虫性较强，适生范围广而在中国广泛栽培(斯塔罗娃 H B，1984；张绮纹，1984)。意大利杨树所还利用美国伊利诺伊州的美洲黑杨 *P. deltoides*'71/75'为母本，意大利 Carapelle 的银白杨为父本进行杂交，获得派间杂种米奇109杨(*P. deltoides* × *P. alba*'Mincio')，此品种早期速生，在保证水肥条件下，一般造林成活率都在95%以上，木材基本材性较好，抗旱能力较强，较抗病虫害(李文荣，2008)。利用美洲黑杨(*P. deltoides*'I-37')为母本，日本青杨派马氏杨(*P. maximowiczii*)为父本进行杂交，获得艾瑞达诺110杨(*P. deltoides* × *P. maximowiczii*'Eridano')，该品种早期速生，易繁殖，树形优美，材质好，抗逆性强。利用美国的美洲黑杨(*P. deltoides*'217/958')作为母本，自由授粉所获半同胞家系的欧美杨无性系作为父本进行杂交获得贝洛托111号杨(*P.* ×*euramericana*'Bellotto')，该无性系造林成活率高达95%以上，木材韧性强且树冠窄，抗风折能力强(李文荣，2008)。

1.1.4 加拿大

加拿大20世纪40年代开始杨树育种工作，并获得了许多杂种。利用美洲黑杨与欧洲黑杨杂交获得欧美杨113号(*P.* ×*euramericana*'DN113')，此品种耐寒速生，树干与冠形优良，抗逆性强，抗病虫害强，木材材质好，是工业用材的优良树种(李文荣，2008)。安大略省以速生、抗寒和提高插穗生根能力为目标，选育出最佳杂交组合美洲山杨×大齿杨(*P. grandidentata*)(徐纬英，1960)。自1971年以来，加拿大完成了以美洲黑杨为母本的杂种田间试验，培育了以美洲黑杨为杂交亲本的50多个组合(尹伟伦，2001)。

1.1.5 其它国家

Krzan Z(1976)在波兰做了美洲黑杨不同种源44个无性系的抗锈病试验，结果发现南方种源和以南方种源做亲本的欧美杨抗锈病(施溯筠等，2000)。波兰从马氏杨(*P. maximowiczii*)×毛果杨杂交组合中选出抗寒、易生根、生长较快的杂种无性系。法国发现欧洲山杨×美洲山杨、欧洲山杨×银白杨的杂种具有明显的杂种优势，同时选择出11个杂种无性系(Bouvatel *et al*，1959)。比利时于1948~1992年，在美洲黑杨、欧洲黑杨、毛果杨和马氏杨之间进行了大量种间控制杂交、回交，对杂交苗进行大量的抗锈病和抗溃疡病的筛选试验，培育出具有速生、抗病且材质好的优良无性系(黄金东等，1998)。韩国育种专家进行了杨树种内和种间1200多个杂交组合试验，以材质及生长量选择为目标，选育了6个适于韩国气候和土壤的新品种：欧美杨I-476和I-214、银白杨×腺毛杨 F_1、黑杨×辽杨 F_1、香杨×

意大利杨 F_1、欧美杨‘E28’×黑杨‘Lux’F_1(吴晓春等，1994)。韩国杨树育种专家玄信圭以银白杨 *P. alba* 为母本，腺毛杨 *P. grandulosa* 为父本，杂交培育出84K，84K扦插成活率高，苗木生长量大，12年生平均高15.11m，胸径32.78cm，根系发达，抗寒、抗旱且适应性较强(李文荣，2008)。日本Shigern(1984)在研究马氏杨种源的同时，对种源内不同个体进行遗传交配设计，测定一般配合力和特殊配合力，为杂交亲本选择提供理论依据。捷克学者进行了不同种源欧洲山杨与银白杨之间的杂交(Pospisil，1985)。荷兰20世纪40年代开始杨树杂交育种工作，获得了很多杂种，如N3016杨(*P.* ×*euramericana*‘3016’)。是荷兰森林及城市研究所选育成功的优良欧美杨无性系，1980年引入我国，4年材积生长量超过I-214杨87.81%(李文荣，2008)。

综上所述可知，国外杨树杂交育种工作开展较早，派间、派内杂交组合丰富，杂交新品种较多，产生了较好的生态效益和经济效益。

1.2 中国杨树杂交育种概况

我国杨树引种已有悠久的历史，但真正有计划的杨树育种研究是从20世纪50年代开始，我国杨树育种经历了探索期、繁荣期和恢复期等3个时期(马常耕，1995)，不同时期有不同特点，近20年已经选育出许多与五六十年代明显不同的杨树新品种(苏晓华等，2004)。目前，我国林业生产中推广应用的杨树良种主要是通过人工杂交培育，已经产生巨大的经济效益，杂交育种仍然是目前及今后更长时期内培育杨树新品种的重要手段(张志毅，2006)。

1.2.1 派内种间杂交

1.2.1.1 白杨派

叶培忠先生于1946年在甘肃天水首次进行白杨派内种间杂交，杂交组合有河北杨×山杨、河北杨×毛白杨等，选育出银毛杨和南林杨(*P.* ×‘Nanlin’)。黑龙江省森林与环境科学研究院以山杨(*P. davidiana*)为母本，以新疆杨(*P. bolleana*)为父本人工杂交选育出窄冠杨树品种山新杨(*P. davidiana* ×*P. bolleana*)，山新杨树冠狭窄，树干通直圆满，光滑色白，树姿美丽，生长快，不飞絮，是我国目前北方窄冠杨树中最耐寒、最美观的园林绿化树种之一(李文荣，2008)。徐纬英(1991)等通过杂交选育出毛新杨(毛白杨×新疆杨)、银山杨(银白杨×山杨)、山新杨(山杨×新疆杨)等优良无性系。王绍琰(1985)以银白杨为母本与新疆杨杂交，选育出银新杨1号和银新杨2号等两个优良无性系，2个无性系树干通直圆满，树形美观。王绍琰等(1987)以银白杨为母本，以河北杨×山杨为父本杂交，选育出银白杨×(河北杨×山杨)优良品种，其材积超过河北杨109.8%，且抗病虫，易生根。庞金宣等利用南林杨与毛新杨杂交获得窄冠白杨(*P. leucopyramidalis*)1号和窄冠白杨5号，利用响叶杨与毛新杨杂交获得窄冠白杨3号和4号，利用毛新杨与响叶杨杂交获得窄冠白杨6号，5个无性系树冠窄，根系深，生长快，单株材积超过一般毛白杨60%以上(庞金宣等，2001)。黑龙江省防护林研究所利用银白杨与中东杨(*P.* ×*berolinesis*)杂交获得银中杨(*P. alba* × *berolinensis*)，银中杨属白杨派与黑杨派派间杂种，该品种树姿优美，不飞絮，是城乡园林绿化的杨树首选品种(温宝阳，1998)。邱光明等(1991)从河北杨×毛白杨组合中选育出河北杨×毛白杨1号，10年生材积超过河北杨141%。刘培林等(1991)以银白杨为母本，山杨为父本，选育出银白杨×山杨1333号无性系。以山杨为母本，银白杨×山杨为父本，培育出山杨×银山杨1132号优良品种，该品种具有速生、抗寒等特点。北京林业大学1982年后广泛开展白杨派间杂交育种，采用秋水仙碱、射线处理花粉，选育出6个三倍体毛白杨优良无性系，这些无性系具有早期速生、材质优良等特点。李开隆等(2004)通过对中国山杨与美洲山杨杂交获得Id42－3等4个生长速度快，光合能力强，抗病虫能力强的杂交种。李善文(2004)以白杨派毛白杨、银腺杨、毛新杨、新疆杨等作为亲本进行15个杂交组合，其中11个组合获得后代植株，进行初步评价选出123个优良单株。赵淑芳等以银白杨为母本，84K和毛白杨为父本进行杂交，发现银白杨×84K杨比银白杨×毛白杨杂交苗的综合表现更好(赵淑芳，2009)。杨成超等通过花粉蒙导与未成熟胚离体培养技术，克服了科间远缘杂交障碍，获得了银白杨×白榆杂种苗(杨成超，2006)。综上所述，中国白杨派内杂交已经取得很好成绩，杂交方式从单交、双交到三交，育种方法以人工杂交为主，同时将加倍等技术应用到杂交育种中，培育出的新品种在林业生产中产生很大的经济效益。

1.2.1.2　黑杨派

中国林业科学研究院韩一凡等(1991)以I－69杨(*P. deltoids* ‘Lux’)为母本，I－63杨(*P. deltoids* ‘Harvard’)为父本进行人工授粉获得杂交后代美洲黑杨南抗1号(*P. deltoides* ‘Nankang 1’)和南抗2号(*P. deltoides* ‘Nankang 2’)，南抗系列速生，木材细腻洁白，无黑心材，适用于长江中下游各地区及靠近南部的黄河流域、淮河流域及江汉地区(秦锡祥，1991)。李定航等(2001)利用美洲黑杨天然变种棱枝杨与密苏里三角杨、山海关杨杂交获得中林2000杨，该品种树干通直圆满，顶端优势明显，生长量大，与欧美杨(沙兰杨、I－214杨)及美洲黑杨(69杨、72杨)相比生长量提高15.2%以上。南京林业大学王明庥等(1991)利用美洲黑杨 I－69 杨作为母本，I－45 杨作为父本进行杂交，获得南林 95 杨(*P.* ×*euramericana*'Nanlin－95')和 895 杨(*P.* ×*euramericana*'Nanlin－895')，7 年生南林 95 杨材积生长量超过对照 I－69 杨 24.22%，南林 895 杨生长量超过对照 I－69 杨 53.22%。黄东森等(1991)以 I－69 杨(*P. deltoids*'Lux')为母本，欧洲黑杨混合花粉为父本，选育出中林 46 (*P. deltoides*'Zhonglin46')和中林 23 (*P. deltoides*'Zhonglin23')等优良无性系，中林 46 杨在华北平原表现速生，病虫害少，其生长量较 I－214 杨大 75%。凌朝文利用山海关杨与美洲黑杨 I－63 杨、I－69 杨进行杂交选育出廊坊杨 1 号(*P. deltoides*'Shanhaiguanensis' ×(*P. pyramidalis* ×*P. deltoides*'Harvard'))；廊坊杨 2 号(*P. deltoides*'Lux' ×*P. deltoides*'Shanhaiguanensis')，以山海关杨为母本，利用小叶杨×美杨和白杨的混合花粉进行授粉获得廊坊杨 3 号杨(*P. deltoides*'Shanhaiguanensis' ×(*P. simonii* ×*P. pyramidalis* －12 + *Ulmas pumila*))，廊坊杨树干通直圆满，侧枝细，6 年生林分，胸径年平均生长量为 4.4cm，最大胸径年生长量为 5.6cm，平均高 16.8m，平均树高年生长量为 2.8m(刘月君等，1998)。符毓秦等(1990)以 I－69 杨为母本，I－63 杨(*P. deltoids*'Harvard')、密苏里杨(*P. deltoids* var. *missouriensis*)和卡罗林杨(*P. deltoids* var. *angulata*'Carolin')的混合花粉授粉，选育出陕林 3 号优良无性系，5 年生单株材积超 I－69 杨 24%，具有抗病虫特点，其耐寒性、耐旱性优于亲本 I－69 杨。何庆庚利用山海关杨作为母本与 I－63 杨杂交获得秦皇岛杨(*P. deltoides*'Shanhaiguanensis' × *P. deltoides*'Harvard' I－63/51)，秦皇岛杨 13 年生平均胸径为 20.9cm，是对照山海关杨的 151%，平均树高 18.9m，是对照山海关杨的 124%(刘志新等，1996)。陈鸿雕等(1992)选出鲁克斯杨(I－69 杨)×山海关杨(*P. deltoids*'Shanhaiguan')子代辽宁杨、山海关杨×哈佛杨(I－63 杨)子代辽河杨、圣马丁诺杨(I－72 杨)×山海关杨子代盖杨等三个优良品系，这 3 个品种在良好立地条件下，生长速度快，干形良好，且具有抗溃疡病和灰斑病的特点。刘月君等(1998)通过山海关杨×(美杨＋哈佛杨)、鲁克斯杨×山海关杨分别选出廊坊杨 1 号、2 号，具有明显杂种优势。黄东森和韩一凡用抗性强、速生的美洲黑杨与干形优良速生的欧洲黑杨及青杨为亲本，进行杂交选育出中金 2 号杨、中金 7 号杨和中金 10 号杨，中金系列杨具有生长量大、成才早、繁殖容易、成活率高、材质优质、根系发达、抗逆性强、适生区域广泛等特点(王继红等，2001)。魏玉玲等(2005)利用 I－69 杨与美洲黑杨＋山海关杨＋三角杨的混合花粉杂交后代选出无性系 84－317、84－320 和无性系 84－315，3 个品种作为造纸和人造板材，木材性能均优于中林46杨。张春玲等(2008)以50号杨(*P. deltoides* cl.‘55/65’)为母本，36号杨(*P. deltoides* cl.‘2KEN8’)为父本杂交培育出新品种丹红杨(*P. deltoids* cl.‘Danhong’)，该品种耐桑天牛，在适合的立地条件下胸径平均年生长量高达6cm，明显超过亲本与对照品种。山东省林业科学研究院以欧美杨I-72和美洲黑杨I-69为母本，用美洲黑杨PE-3-71(*P. deltoides*‘PE-3-71’)花粉进行授粉，获得鲁林2号杨(*P.* ×‘Lulin-2’)和鲁林3号杨(*P.* ×‘Lulin-3’)，在美洲黑杨228-379(*P. deltoides*‘228-379’)母树上收集天然种子播种培育出鲁林1号杨(*P.* ×‘Lulin-1’)，鲁林系列浆造纸和制作胶合板，抗病虫、抗逆性强(姜岳忠等，2009)。焦作林业科学研究所收集美洲黑杨(*P. deltoides*)优树天然杂交种培育出桑巨杨，抗虫强、速生性和干形优良，8年生胸径达29.64cm，平均树高23.04m(赵自成等，2008)。李善文(2004)利用I-69与D324(*P. dltoides*‘D324’)、钻天杨杂交，发现这两个组合可配性强。杜克兵等以适宜湖北地区栽培的5个黑杨优良品种为亲本进行杂交，杂交子代获得显著的超亲优势和遗传增益(杜克兵等，2009)。

1.2.1.3 青杨派

青杨派内杂交研究文献较少，只有徐纬英(1960)进行了小叶杨×滇杨、小叶杨×香脂杨、小叶杨×青杨、青杨×苦杨、小青杨×滇杨等杂交组合研究。小叶杨×香脂杨在河北张家口4年生树高4.61m，胸径3.98cm(赵天锡等，1994)。

1.2.1.4 大叶杨派和胡杨派

大叶杨与胡杨派种间杂交均未见报道。

1.2.2 派间杂交

1.2.2.1 黑杨派与青杨派

黑杨派和青杨派派间杂种优势明显(李善文，2008)，自然条件下很容易产生天然杂种且具有显著杂种优势。中国天然分布或广泛栽培的黑杨派与青杨派杂种很多，在生产上产生巨大的经济效益。育种专家开展了多个黑杨派与青杨派的杂交试验，1956年育种学家针对我国华北北部及西北高寒地区的生态环境，选择了生长迅速，适应性较强的钻天杨为母本，以青杨为父本杂交选育出北京杨(*P. pyramidalis* × *P. cathayana*‘Beijingensis’)(徐纬英，1960；1988)。1957年徐纬英等以小叶杨为母本，以钻天杨和旱柳(*Salix* × *matsudana*)混合花粉为父本进行杂交育种，获得比一般杨树种间杂种的遗传基础更丰富的育种材料群众杨(*P. simonii* × (*P. pyramidalis* + *Salix matsudana*))(徐纬英，1988)，20世纪50~60年代，中国林科院利用小叶杨为母本，钻天杨为父本杂交获得合作杨 8277(*P. simonii* × *P. pyramidalis*‘Opera 8277’)。1960 年黄东森以欧洲黑杨为母本，小叶杨为父本，选育出 3 个适合于三北地区栽植的优良无性系：中林三北 1 号杨(*P.* ×heixiao‘Zhonglin-sanbaI-1’)、中赤黑小杨(雌株)(*P.* ×heixiao‘ZhongchI-♀’)、迎春 5 号杨(*P.* ×heixiao‘Yingchun-5M’)。同年，黄东森等以北京小叶杨为母本与苏联乌法地区生长的欧洲黑杨为父本杂交获得小黑杨 *P.*‘Xiaohei’(*P. simonii* × *P. nigra*‘Xiaohei’)，小黑杨是我国三北地区最抗寒的杨树良种之一，可以在最低温度-43.1℃以上的严寒地区推广，在肥水充足的立地条件下年胸径达 3~5cm，在黑龙江西部农防林与“四旁”植树表现优异。鹿学程等在赤峰地区小叶杨和钻天杨的天然杂种群体中选育出赤峰 17、34、36 号 3 个无性系，赤峰杨在水肥条件较好的平地上生长迅速，生长量超过小叶杨 40%，在瘠薄沙地条件下二者差异更大，约相差 1~3 倍。在最低气温-34.1℃，无霜期仅 150 天的地区越冬生长无冻害。1978 年黄东森以美洲黑杨(*P. deltoides*)为母本，青杨(*P. cathayana*)为父本进行杂交，选育出两个优良无性系，中绥 12 号杨(*P. deltoides* × *P. cathayana*‘ZhongsuI-12’)和中绥 4 号杨(*P. deltoides* × *P. cathayana*‘ZhongsuI-4’)。2 个无性系耐寒且生长量大，稳定性好，材质优良，在黑龙江省绥化及其以南区域苗期有轻微冻害，可耐-39.5℃的低温。

20 世纪 80 年代以后，南京林业大学王明庥等(1980)利用美洲黑杨与小叶杨杂交培育出 NL-80105、80106、80205、80121、80213(王明庥，1991)。鹿学程等(1985)等利用赤峰杨×(欧美杨+钻天杨+青杨)培育出速生、耐寒抗病虫的优良无性系‘昭林杨 6 号’。符毓秦等(1990)利用大关杨×钻天杨杂交经过选育获得速生、耐旱、抗病的陕林 1 号，利用 I-69×青杨获得速生、耐旱、抗病的陕林 4 号。刘榕等(1995)利用箭杆杨×麻皮二白杨获得速生、耐旱的箭杆二白杨。廊坊市农林科学院以北方型美洲黑杨山海关杨为母本，以小美 23(小叶杨×美杨 F_1 花粉+百榆花粉)杂交获得的廊坊杨 4 号杨 *P. shanhaiguanesis* × (*P. simonii* × *P. pyramidalis* -23 + *Ulmus pumila*)是抗盐碱新品种，胸径、树高分别是对照品种的 288% 和 500%，同时能适应盐碱化土壤，在含盐量 0.1% ~0.13% 的条件下生长良好(王恭祎等，2001)。刘培林等(1993)利用小黑杨×黑小杨，小青黑杨×欧洲黑杨获得速生、耐寒的黑林 1 号、黑林 2 号、黑林 3 号等 3 个优良无性系，7 年生材积生长量分别超过小黑杨 40%。2001 年山西省林木品种审定委员会审定群改 2 号杨(群众杨 40#×群众杨(营口)*P. popularis*‘40’ ×*P. popularis*‘Ying kou’)和群改 3 号杨(欧洲黑杨×群众杨(营口)*P. nigra* L. ×*P. popularis*‘Ying

kou’)2 个无性系良种，2 个无性系具有极强的抗逆性，在年降水量 200mm 左右的半干旱贫瘠地区，pH 值小于 9.0 的立地条件下生长正常，表现出极强的抗旱性能。在无灌水条件下，11 年生树高 14.2m，胸径 17.19cm，单株材积 0.1596m^3，超过群众杨 44.2%。群改杨材性优良，木材密度大，在 0.41g/cm^3以上，比群众杨提高 16%，纤维长度达 0.85μm，比群众杨提高 10%(杨成生等，2002)。孙远清等(2002)利用辽河杨×小钻杨获得速生、耐寒的辽育1号。张玉波等(2002)利用格尔里杨×欧洲黑杨获得速生、耐寒、抗病的格尔里×欧黑，利用 I69 杨×(大青杨+小叶杨)获得速生、耐寒、抗病的69×大青小，利用 I-72 杨×欧洲黑杨获得速生、耐寒、抗病的72×欧黑。庞金宣等利用山海关杨与塔形小叶杨(父本)杂交选育窄冠黑青杨(*P. deltoides*‘Shanhaiguanensis’×*P. simoii* var. *fastigiata*) 6 号、31 号和 70 号无性系，利用 I-69/55 与窄冠黑青杨 Lu6、Lu31、lLu69 等 3 个无性系的混合花粉杂交获得窄冠黑杨 1 号、2 号、11 号、047 号、055 号、078 号，这些品种具有树冠窄、生长快等优点(庞金宣等，2001)。黑龙江省防护林所于 1981 年以青杨为母本，以山海关杨为父本，经水培杂交获得青山杨(*P. pseudo-cathayana* ×*P. deltoides*‘Shanhaiguanensis’)，该品种在各区域化实验点 11 年生时材积生长量为小黑杨的 163.6%，且能够在最低气温 -37.2℃，最短无霜期 125 天，正常生长无冻害发生(杨洪军等，2006)。刘伟洲等(2001)利用黑龙江省乡土树种大青杨、小叶杨和美洲黑杨及杂种为亲本进行杂交，选育生长快、抗性强的 4 个杂种无性系，其中苇河大青杨×盖县3 表现最优，一年生苗高为 130cm，超亲优势率达 30%，地径为 1.07cm，超亲优势率为 19.2%。白城市林业科学研究院金志明等利用小钻杨×欧洲黑杨获得速生、耐寒、耐旱、抗病的白林杨 1 号，利用欧洲黑杨×钻天杨获得速生、耐寒、耐旱、抗病的白林杨 2 号(金志明等，2001)，在不同立地条件下，7~20 年生每公顷材积比小黑杨增产 6.25m^3。张永诚等(1990)利用小叶杨×美杨杂交获得速生、耐旱、耐寒 73-16、73-9 等 2 个无性系，利用钻天杨×青杨杂交获得速生、耐旱、耐寒的无性系 74-2。郑淑霞等(2004)等对美洲黑杨与青杨杂交无性系子代抗锈病能力进行分析，从 191 个杂交子代中选育出抗灰斑病、杨叶煤污病、叶锈病的无性系 19 个，抗病程度均高于对照北京杨和青杨。张春霞(2007)利用欧洲黑杨与川杨(*P. szechanica*)、欧洲黑杨与滇杨(*P. yunnanensis*)进行杂交试验，发现子代在苗干、叶形、叶基、叶柄等性状出现了多态性，为进一步开展多方向、多指标选择奠定了良好基础。

1.2.2.2 黑杨派与白杨派

长期的杂交育种实践证明，黑、白杨派间杂交存在严重的杂交障碍(高建社等，2006)。徐纬英(1988)在银白杨×欧洲黑杨、毛白杨×欧美杨、I72杨×毛白杨组合中，授粉时用母本花粉的糖蛋白处理柱头，但幼胚中途败育。张绮纹等(1987)用正己烷处理银白杨×美洲黑杨、银白杨×欧洲黑杨组合的花粉和柱头，未取得结果。但育种专家也获得一些黑白杨杂种单株。吴鸿锦等(1996)以沙兰杨为母本，毛白杨为父本，选育沙毛杨(*P. sacau* 79×*P. tomentosa*'Sa－menica')。刘培林等(1991)报道山杨与黑杨杂交，得到种子甚少，杂种生长量小。庞金宣等(2001)以I－69杨为母本，响叶杨×毛新杨为父本，培育出窄冠黑白杨。张金凤等(2000)做了43个黑白杨派间杂交组合，结果表明15%的三交组合和56%的双交组合能得到杂交苗木，用杂种银腺杨(*P. alba* × *P. glandulosa*)、北京杨(*P. pyramidalis* × *P. cathayana*'Beijingensis')等作为亲本易得到黑白杨派间杂种，其扦插成活率较高，如银腺杨×中林13杨(*P.* ×*euramericana*'Zhonglin13')的杂种扦插成活率高达83%。高建社等(2006)采用冻融、油脂膜浸提液处理花粉及正己烷熏蒸或涂抹柱头等措施进行了黑白杨远源杂交技术研究，发现以黑杨作母本杂交可配性高于白杨做母本，采用正己烷熏蒸或涂抹柱头效果较好。

1.2.2.3 青杨派与白杨派

关于青杨派与白杨派杂交育种研究文献较少，李开隆等(2003)1995年利用山杨与小叶杨进行杂交，发现很难获得种子。徐纬英等(1960)1954年利用山杨、小叶杨、毛白杨、青杨做亲本进行杂交试验，结果表明青杨派与白杨派间有可配性，但种子较少。

1.2.2.4 胡杨派与其它各派

关于胡杨杂交的研究文献较少，曹德昌等(2009)经过调查发现水资源短缺以及水污染是胡杨种群衰退的主要因素。但也有关于胡杨与其它派系品种杂交的报道，董天慈(1980)以小叶杨为母本，胡杨为父本，得到小×胡杂种，10年平均株高为小叶杨的1.8倍，平均胸径为小叶杨的1.9倍，杂种优势明显。刘榕等(1995)以箭杆杨为母本，用胡杨花粉和5000R[①]射线辐射处理的毛白杨花粉混合授粉，经强度筛选得到箭胡毛杨，经RAPD标记证明，该品种为胡杨和箭杆杨的杂种(李毅等，2002)，它既保持了箭杆杨的窄冠、速生等特点，也拥有胡杨抗旱、抗寒、耐盐碱和抗病虫等特点。彭儒胜等(2009)利用母本花粉提取液处理柱头以克服胡杨作为父本的杂交不亲

---

① $1R = 2.58 \times 10^{-4} C/kg$

和性，并进行离体子房/胚珠培养，获得辽育3号杨×胡杨杂种苗。北京林业大学陈宏伟等(2009)以小青杨为母本，以胡杨为父本，获得6株杂交后代。

综上可知，我国育种专家利用杂交手段培育出了大量的杨树新品种，选育的杨树良种在生产中产生了巨大的生态效益和经济效益。同时也存在一些问题，如无性系亲缘关系近，我国现在广泛种植的大部分品种均与美洲黑杨有一定的亲缘性，遗传基础窄；没有长期的育种计划，杂交亲本选择具有随意性，缺乏亲本材料的持续性；育种方法落后，手段简单，现代生物技术与常规育种结合不紧密，新品种应用于生产效率低，亲本选择比较集中，对乡土树种重视不足等。要解决我国杨树育种中面临的问题，需要加大对国外优良资源的引进；加强常规育种的基础性研究，制定长期的育种计划，建立科学的育种程序；充分挖掘我国丰富的杨树基因资源，扩大遗传基础；加强现代生物技术与常规育种技术相结合的力度，建立充实的杨树培育体系，尽量培育能适应不同生态环境的优良品种。

2 杨树无性系选择研究进展

杨树是世界范围内中纬度平原地区栽培面积最大的速生用材树种之一，也是林木中最早开展杂交育种研究的树种之一。在世界各国，杨树在林业和农村经济发展中的重要性不断增强，传统林业和木纤维加工业正谋求从杨树资源中获得越来越多的原料，发展杨树能够迅速解决木材紧缺问题。随着工业用材林定向培育的发展，杨树育种目标已经由单一的产量指标向速生丰产、抗逆等综合改良转变，力求育种与环境、林种和材种需求紧密统一(苏晓华等，2004)。近20年，利用杂交、引种相继选育了一大批综合性状突出的优良无性系，在我国短周期工业原料林基地建设中发挥了重要作用(汤玉喜等，2005)。

2.1 杨树叶片性状研究进展

叶片特征是杨树品种登记时的重要性状鉴定指标(胡晓丽，2006)，叶面积的大小直接影响树木生长，因此一直受到重视(王沙生，1990)，叶片还是植物进行光合和呼吸作用的重要场所，更是植物与外界交流的主要通道，叶片的结构、大小直接关系到植株的生长发育。测定植物叶片的大小、形状、叶面积是研究与生长相关的重要因素。国内外很多研究表明叶片的大小与生长性状紧密相连(Wu，1997)。金晓洁(2008)对11个毛白杨无性系的叶片性状与生长性状进行测定分析，结果发现地径与叶片形状中的叶片长度和宽度相关系数较高，叶柄长度、叶脉角、单叶面积与地径中度相关；苗高与叶片长度、叶片宽度、叶柄长度、叶面积存在显著正相关关系，叶片长度、叶片宽度、叶柄长度和单叶面积等之间存在紧密的遗传相关性。

叶片形状可以划分为两大类型(舒枭，2009)，即结构型性状和功能型性状。叶片结构型性状是指植物叶片的生物化学结构特征，在特定环境条件下保持相对稳定，主要包括叶片大小、厚度、叶干重、叶片寿命、叶片比叶面积和叶片干物质含量等，是植物在外界环境条件下，特别是气候条件的长期影响下，经过遗传变异和自然选择而逐步形成的，这些表型性状相对稳定并且可以较好地反映植物为了获得最大能量所采取的生存策略(Kikuzawa，1991，1995；张林，2004)。叶片结构直接影响到叶片的基本功能，因为受到遗传因素控制，叶片很多性状是比较稳定的，但是相同基因型的植株叶片也会由于环境的变化而改变，叶片常常作为种源间、家系间、无性系间重要的指标而被研究。黄文娟(2010)探讨胡杨异形叶结构型性状与胸径的关系时发现胡杨叶片面积、厚度、干重、干物质含量之间呈显著正相关关系，并且随着植株生长发育的进行，叶片面积、厚度、干重和干物质含量均逐渐增加。叶片功能性状则体现叶片生长代谢指标，这些指标随着时间和空间的变化程度相对较大，主要包括光合速率、呼吸速率、胞间二氧化碳浓度、气孔导度等。赵曦阳等对毛白杨(2011)无性系的叶片功能性状进行测定分析，结果发现光合速率、蒸腾速率、气孔导度等指标存在一定的相关关系，且这些指标受环境影响较大，在不同环境条件下，差异显著。

2.2 杨树生长节律研究进展

杨树是我国重要的速生树种，它具有速生、高产、抗寒和抗旱等优良特性(赵天锡，1994)，并在中国有悠久的栽培历史。杨树产业发展关键在于良种，但从技术上来讲，各地杨树栽植及经营管理技术参差不齐，导致杨树生长差异显著，土地利用率差异也较大。研究杨树无性系人工林生长规律对发展速生丰产林具有重要意义，林木生长量能直接反映林木的生长规律，并可以通过对林木生物量的状况来科学预测和估计其动态发展趋势，研究林木生物量不仅可以掌握其生长发育规律，更有助于采用不同的培育措施，制定抚育管理方案，这样可以直接影响到收获年限以及经济效益等。吴丽娟(2002)、徐向宏(2001)等对不同杨树新品种的生长进行了差异研究，最终确定杨树的选育方向。赵宏皂(1998)对北京杨、毛白杨和山海关杨苗期生长规律进行研究，将年生长规律划分为缓慢生长期、速生期和缓慢生长期等三个阶段。魏蕾(2009)在对6种杨树无性系人工林生长规律研究中发现10年生6个杨树无性系的树高、胸径和材积生长规律利用Logistic曲线方程模拟效果显著，有序聚类分析结果与Logistic 方程导出的结果基本吻合，说明Logistic 方程进行模拟是接近实际的。

总之对杨树生长过程的研究可以对杨树生长的内在规律进行探讨，进一步制定科学的培育方案，采用有效的经营管理方式，可以为今后杨树人工林的经营提供理论基础，对预测杨树生产潜力及指导杨树栽培有重要意义。

2.3 杨树生长数学模型研究进展

预测模型是科学决策的前提和依据，在经营林木人工林制定决策时起到至关重要的作用。林木生长模式方程是树木在生长过程中经历的曲线的函数表达形式，是关于树木生长时间的确定函数。即 $Y=f(x)$（x 为树木年龄，Y 为在不同时间某一特征因子的特征值）。在实际应用中，常用数学演绎法推导出理论模型和根据丰富经验知识构建的经验模型来，描述树木生长规律学者们在模型构建方面做了大量的研究，提出了许多不同的模型(陈东来，1997；Deng，1997；Burgerm，1999)。

林木无性系选育过程中，单株生长量是非常关键的因素。因此关于单株林木生长模型的研究也较多。许多研究表明，林木的生长规律符合 S 型曲线，表现为"慢 - 快 - 慢"的生长规律。虽然不同树种在不同的管理水平和生态条件下生长规律不尽一致，但生长曲线的总体趋势相似。单株生长模型的研究可以更详细地描述林分结构和林分动态(Vanclay，1994；Chojnacky，1997；Mabvurira，2002)。秦光华等(2003)在对 4 种具有 S 型增长特征的生长模型(Logistic 模型，Richards 模型，Chanter 模型和 Gomportz 模型)研究中，提出 Logistic 模型拟合效果最好，具有广泛的适应性和良好的预测性，在林学界得到推广应用。向志民等用 Logistic 曲线方程模拟了杨树的生长进程，估测了年生长速率最大点和速生期(向志民等，1999)。周元满等(2004)利用 Logistic 模型对桉树生长过程进行模拟，对桉树人工林实现最大生产力进行研究，以探求最大生产潜力的求算方法，结果发现最佳生产力时期在造林后 3 年左右出现。刘平(2003)对新疆伊犁地区速生杨树生长模型进行分析，发现利用 Logistic 模型作为树高和胸径的生长模型拟合效果最好，并预测了 10 年后的生长情况，确定了 11 个速生杨品种的数量成熟年龄。学者采用 Logistic 模型对林木生长的研究集中在林木苗期的苗高生长上，对多年生林木树高、胸径、材积的综合模拟研究较少。而且 Logistic 模型的精度如何，除了看拟合效果外，还必须进行检验。

邢黎峰等(1997)以毛白杨、华北落叶松、刺槐等生长量为例，讨论了Richards 生长方程在林木生长过程中的可塑性，结果发现 Richards 生长模型可以准确地描述多样性的林木生长过程，应用参数分析，可以对不同树种、或者同一树种的不同立地条件生长过程进行比较和解释。在杨树模型构建中，赵贝贝(2010)利用 Richards 生长函数对不同立地条件下的107 杨树进行生长模拟，结果发现 Richards 模型拟合胸径、树高和材积的精度很高，*P* 值小于 0.0001。

2.4 杨树无性系多性状综合选择

生长量是衡量无性系表现是否优良最直接、最基本的标准。速生曾是科学家们一度追求的目标。Monclus 等(2009)提出利用水分利用效率和叶面积辅助生物量对杨树无性系进行选择。Karacic 等(2006)对 8 个杨树无性系进行生长量、生物量、元素含量等进行测定分析，结果表明对瑞典高纬度、低温条件下的杨树选择还应该以生物量等表型选择为主。李火根等(1997)对 5 个美洲黑杨无性系的年生长动态进行遗传分析，发现遗传方差分量、广义遗传力随不同发育年龄而波动，生长早期选择是有效的，选择年龄为 4 年，对品种总的产量能力、遗传稳定性和适生范围进行全面评价发现无性系 NL－85366、NL－85367 和 NL－85370 较好。汪泽军等(2009)对 12 个毛白杨无性系的生长性状进行分析，发现毛白杨无性系冠幅与树高、胸径呈微弱负相关，冠高与胸径、树高正相关，为选育适合生产需要的毛白杨冠型提供了依据。孟伟伟等(2008)对美洲黑杨 × 欧美杨杂种无性系生长分析发现由于生长立地条件差异较大，无性系树高、胸径和材积的速生点与其它文献报道有差别。周永学等(2004)对引进的美洲黑杨与青杨杂种无性系进行苗期育苗试验，利用生长量、抗病虫能力和扦插成活率等指标初步选出的无性系 93－8－17 较优，1 年生地径生长量显著高于陕林 4 号。

利用材性对杨树无性系进行评价的报道也很多，姜笑梅等(1997)对 15 个欧美杨无性系木材纤维长度的径向变异模型研究中发现株内变异模式大致相似，但无性系间以至无性系内株间仍存在差异。不同无性系变异曲线虽有交叉，但年－年相关显著，木材纤维长度的早期选择是可行的。FANG(2003)等对杨树无性系间及个体间的材性变异进行研究，发现不同无性系间及个体间材性不同。黄秦军等(2003)对美洲黑杨 × 青杨 F_2代基本材性性状研究中发现基本密度、纤维长宽比、纤维丝角等性状相关性强，早期选择是完全可行的，在 F_2代群体中初步遴选出数个基本密度高、纤维长宽比大、纤维丝角小的优良个体。朱景乐等(2008)对毛白杨材性指标预测及选择中利用材性指标与胸径平均值将 28 个无性系分为 4 类，利用分类结果选出 7 个生长快且木材密度高的毛白杨无性系。解孝满(2008)等对 24 个毛白杨无性系的生长、木材基本密度和纤维形态进行分析，结果发现木材密度与生长性状相关不显著，而纤维长度与胸径、材积存在弱负相关，生长快的无性系可以有较大的木材密度。Pliura 等(2007)对不同地点的欧洲黑杨与美洲黑杨、美洲黑杨与毛果杨的杂交子代进行生长量、木材材性等特性测定，结果发现可以利用干纤维重量辅助杨树无性系选择。

育种专家利用抗病性辅助生物量选择，起到很好效果(Steenackers，et al.，1996)。李金花等(2004)通过对美洲黑杨与不同种源青杨杂种子代无性系遗传变异研究发现，5 年生子代无性系在种源、种源内家系和家系内无性系间 3 个水平上存在显著差异，具有较大选择潜力。根据子代无性系的生长量和水泡溃疡病抗性，初步选择 36 个生长量大且对水泡溃疡病有一定抗性的优良无性系。Labrecque 等(2005)对 12 个柳树和杨树无性系进行生物量、抗病、抗虫性分析，结果选育了适合于魁北克生长并且抗病虫的优良无性系。胡斌(2009)等对美洲黑杨与青杨、川杨和卜氏杨人工杂交及杂种苗生长和抗病性状测定分析结果发现美洲黑杨 69 号 × 川杨和美洲黑杨 69 号 × 卜氏杨的杂种苗具有最好的苗期生长量表现，并有较强的抗黑斑病特性，因此可以以此为基础选育出优良的新品种。

随着育种技术的不断提高，育种工作已从注重生长过渡到重视多性状遗传改良。人们开始围绕提高生长量、抗性、材质和开发利用劣质立地、提高杨树栽培经济效益等目标对杨树进行改良。1986 年 Kerski 提出理想型树木的性状要求：①净光合速率高；②截留光的效率高；③充分利用生长季节；④木材产量高；⑤水分和养分利用率高；⑥幼年速生；⑦耐竞争；⑧耐逆境；⑨抗病虫；⑩品质好；⑪易繁殖和种植。20 世纪 80 年代末，我国杨树开始了多性状遗传改良工作。王庆斌等(2002)对美洲黑杨杂种无性系苗期选择中提出，选择优良无性系不能仅着眼于生长性状，应该对数量性状和质量性状进行综合选择。管兰华等(2005)对美洲黑杨与欧洲黑杨杂交 F_1 无性系的多形状联合选择中发现根据育种目标进行多性状综合分析，可以对无性系作出适合评价，但进行综合选择时，多个性状的遗传增益比单性状直接选择有所下降。张有慧等(2008)对毛白杨无性系的 12 个性状进行主成分和聚类分析，把 24 个毛白杨无性系聚为 4 类。第一类材积、胸径和枝下高较大，通直度较好，可以作为毛白杨优良无性系选择的重要依据。随着设备和技术的不断更新，元素含量、水分利用效率等方法逐渐应用到育种中来，为无性系选择提供新的理论依据。赵凤君等(2005)对水分胁迫下美洲黑杨不同无性系间叶片 $\delta^{13}C$ 和和水分利用效率进行测定分析，结果发现同等水分处理下，$\delta^{13}C$ 是间接评估无性系间 WUE 差异的可靠指标。Sophie 等(2008)对 2 个黑杨杂交组合的生长性状、气孔性状和碳同位素进行分析，结果发现在 D × T 家系中气孔总密度与树干直径极显著正相关。方晓娟等(2009)对毛白杨杂种无性系稳定碳同位素与水分利用效率研究发现，高 $\delta^{13}C$ 可以作为筛选高 WUE 毛白杨的有效指标，且在苗木生长旺盛时期选育能得到更为可靠的结果。张颖(2008)等对三倍体毛白杨不同无性系叶片养分含量研究中发现不同季节不同无性系的元素含量不同，为三倍体毛白杨养分管理提供依据。Guillemette 等(2008)于魁北克对 3 个杂种无性系进行不同施肥处理，结果表明 P 肥对杨树苗期地径生长影响最大。Tullus 等(2009)对杂种杨树地上部分元素含量进行分析发现，胸径达到 4cm 后，杨树树干各种元素含量迅速下降，大树的干物质中元素含量较低。叶片性状除了可作为形态学鉴定的重要依据外，与树木的生长量也具有一定的相关性。叶片的大小与形状受中到强的遗传控制，并与材积存在强的正相关，且因不同枝条类型和树冠位置而异(Wu et al, 1997)。Marron 等(2007)对不同地点的 2 个杨树家系生长与元素含量测定分析结果表明杨树叶绿素荧光、叶柄和叶片的 C、N 含量均与生长性状相关未达显著水平，而叶片、叶柄元素含量等与地理条件相关。

2.5 无性系稳定性评价

作物品种产量的高低是由品种的基因型、环境变异以及基因型和环境互作等 3 个因素共同作用的结果。其中基因型与环境的互作是造成同一品种在不同条件下或不同品种在同一条件下生物量不同的主要原因，互作直接决定了品种对环境条件的稳定性和适应性，使生物量等表型不一致。许乃银等(2004)利用直线回归分析法，shukla 互作方差分解法、AMMI 模型法三种方法对作物区试品种稳定性进行分析，提出先按照 shukla 的方法分析之后利用其它方法补充和参考，同时结合品种在各环境中的表现进行具体分析才能对品种稳定性和适应性作出更具体的评价。蔡立森等(2007)提出动态稳定性(Pi 值)既能反映品种的稳定性，又能反映品种与最优品种的接近程度，可以直观地同时反映品种的丰产性及稳产性，直接说明品种普遍适应性的好或差。姚庆端(2004)提出在育种试验和生产实际中，希望所选的无性系主效应大(生产能力高)，同时还希望这些品系与环境的交互效应小，稳定性好，对环境有广泛的适应性。作物育种中对品种稳定性分析较多，江银荣等(2009)利用高稳系数对 10 个大麦新品种进行分析，发现苏 BO505 既高产又稳产，丰产潜力大，对所有栽培条件均具有良好的适应性，适于种植地区较为广泛。刘威(2008)对辽宁省粳稻品种稳定性及适应性进行分析发现 S38 和茂洋 1 号兼具丰产性、稳定性和适应性，在较好条件或不利条件均可实现较高产量，具有较高的推广前景。柏章才等(2009)对 9 个甜菜品种进行稳定性和适应性分析结果发现 4 个甜菜品种表现较好的稳定性，有广泛的适应性。易先辉(2008)为研究基因型与环境的互作，更好的评价品种稳定性和地点的鉴别力，利用 AMMI 模型把方差分析和主成分分析结合在一个模型中，评价出泗抗 3 号棉花稳产性好而产量低，湘杂棉 8 号稳产性好产量一般。

在林木育种方面，李宝福(2007)在对福建中亚热带 7 个桉树无性系多点造林对比试验研究中提出用无性系与地点的交互效应的相对变异系数以及基因型主效应值作为多性状综合评价、选择优良无性系以及确定供试无性系适宜种植范围的依据。周志春等(1998)利用 15 个试点的马尾松种源区试林测定材料，估算不同产地的遗传稳定性，结果发现 6 年生树高和胸径存在显著产地与地点的交互作用，且不同地点产量、稳定性不同，立地质量高的地点，不仅树木生长量大，而且对参试产地鉴别能力强。在杨树无性系评价方面，李火根等(1997)利用 5 种遗传稳定性分析方法对 4 个区域化试验点的 5 个美洲黑杨无性系生长量的基因型与环境互作进行分析，并对各种遗传稳定性分析方法和每个无性系遗传稳定性和适应性进行合理评价。王克胜等(1996)对 3 年生的 19 个欧美杨无性系在河南、河北、山东的 3 个区试点的无性系与环境的互作效应、生长适应性和基因型稳定性作一分析，并探讨生长量、适应性统计量、稳定性统计量之间的关系，为杨树优良无性系选择和品种推广提供理论依据。

综上表明，无性系选育过程中，需要对基因型和环境互作加以重视，经过区域试验来确定无性系适应性和适生范围，对无性系进行综合评价。

2.6 光合指标辅助杨树无性系选择

光合作用是代谢生理的内容之一，是干物质生产的主要途径，是植物生理性状的重要指标，与生长关系十分密切(Koxlowski et al, 1991)。学者们分析光合作用与产量的相关性得出的结论并不一致，Isebrands 等(1988)认为光合作用是一个受多基因控制的复杂性状。而叶片的着生部位、生长条件、生长季节等因子也会对光合作用与生长的相关性产生影响。Lambers 等(1992)对光合作用与生长速率的关系分析表明：生长速度快慢与净光合速率高低成正相关。其中有些差异是因养分或水分不同产生的，而不是种类本身作用的结果。随着科学技术的发展，特别是光合测定分析系统的出现，对植物光合指标测定分析日益增多。吴瑞云(1999)对 4 个杨树杂交品系的光合日进程季节变化进行测定，发现杨树净光合速率日变化特点是 6 月、7 月均为单峰，而 9 月份是双峰，9 月份净光合速率明显低于 6、7 月份。同年刘建伟等(1994)对辽宁省 8 种杨树无性系的净光合速率进行测定，结果表明无性系间的净光合速率可分为高、中和低 3 个类群，其中昭林杨 6 号光合作用最高，受湿度、空气蒸汽压影响小，低光合类群一直与光、湿度和蒸汽压关系密切。杨再强等(2008)对四季杨和南抗杨光合特性的研究中阐述四季杨和南抗杨的光补偿点约为66.2μmol/(m^2·s)，光饱和点为1300μmol/(m^2·s)，两个杨树品种在旱季和雨季的净光合速率日变化曲线均呈双峰型，有典型的午睡现象。江锡兵等(2009)对美洲黑杨与大青杨杂种无性系苗期光合特性研究中表明3个杨树无性系净光合速率和蒸腾速率日变化曲线呈不对称的双峰曲线，气孔导度和胞间二氧化碳浓度日变化分别呈单峰和倒双峰变化趋势。

不同杨树品种间叶片光合特性存在显著差异，邓松录等(2006)对4个杨树无性系的光合特征及主要影响因子进行研究，结果表明9号无性系属于高光合、高蒸腾、低水分利用效率类型，8号无性系属于低光合、低蒸腾、高水分利用效率类型。李静怡等(2000)对三倍体毛白杨无性系光合特性的研究中提出结合净光合速率和叶面积对毛白杨二倍体和三倍体无性系进行评价是比较可靠和理想的。赵风君(2005)等对不同水分处理条件下的12个黑杨杂交无性系间长期水分利用效率和光合参数的差异进行了研究，对不同系号的黑杨无性系的最大净光合速率、光饱和点、羧化效率进行了测定，提出利用水分利用效率来选择林木的方法。张江涛等(2007)对欧美杨无性系幼苗的光合生理特性比较研究中发现9个无性系净光合速率日变化趋势不同，单峰和双峰曲线共存，蒸腾速率日变化基本呈单峰型。Du等(2008)对5个亲本和15个子代进行干旱胁迫处理，测定其光合速率Pn、气孔导度Gs、叶绿素荧光特性Fv/Fm、树高、地径和干重等指标，测定结果把20个无性系分成抗旱性强、中、差3类。

不同叶形对光合速率影响也不同，光合速率会因为叶片的年龄、位置、光照角度不同而呈现差异，苏培玺等(2003)对胡杨研究中发现，在二氧化碳浓度固定情况下，光强相同时，卵圆形叶和披针形叶净光合速率分别为16.40和9.38μmol/(m^2·s)。郑彩霞等(2006)对3种胡杨气孔特征及光合特性的研究发现胡杨光合速率日变化呈单峰曲线，叶片在发育过程中从形态、解剖和光合特性上均发生了变异。

植物光合作用除了受自身因素影响外，还受到外部环境条件的影响。Sasa等(2002)对不同地点的9个黑杨无性系进行光合速率、蒸腾速率、水分利用效率和生长量测定分析，结果表明不同地点各品种光合指标差异显著，净光合速率与生物量具显著正关性。周永斌等(2007)对4个杨树品种的光合生理特性对比研究中发现小青杨本身光合生产力低是造成低产林的内因之一。苏东凯等(2006)对3个杨树品种的光合生理生态特性和光合日进程测定结果表明3种杨树品种的净光合速率、蒸腾速率与环境因子及内部因子之间有密切关系，其中光合有效辐射是影响净光合速率、蒸腾速率的主导因子，而胞间二氧化碳浓度和气孔导度起重要的调节作用。朱春全等(1995)对6个杨树无性系苗木生长、生物量和光合作用的研究中发现6个无性系的总生物量与它们的总叶面积、平均单叶面积、叶面积平均生长速率、平均净光合速率等呈正相关。吴瑞云(2007)对"中嘉8"净光合速率与生态因子相关分析中得到无性系"中嘉8"在6月份 Pn 呈单峰曲线，其最主要影响因子为光合有效辐射。9月份 Pn 呈双峰曲线，影响光合速率日变化最主要的因子为空气中二氧化碳浓度。李惠菊等(2008)对新疆杨和速生杨光合特性研究结果表明新疆杨和速生杨树种的光能利用率与水分竞争能力之间具有互补性，反映2种杨树对干旱环境适应性较强。

2.7 抗氧化酶系统辅助无性系选择

生物体的发育由一个完整的生化反应系统构成，这些生化反应受到某些基因的控制，这些基因本身就是这个系统的一部分，他们以酶的方式直接起作用，或者决定酶的特异性，从而控制这个系统中的特异反映。植物生长在自然环境下，时刻有遭遇逆境的危险，在受到胁迫下会引发膜脂过氧化作用，造成膜系统损伤，严重时会导致植物细胞的死亡。这主要由于胁迫下植物体内会产生大量的自由基，导致膜脂发生过氧化、碱基突变、DNA链断裂和蛋白质的损伤(姜磊等，2005)。在植物体内有一套清除活性氧的保护酶系统，主要包括超氧化物歧化酶(SOD)、过氧化物酶(POD)和过氧化氢酶(CAT)。保护酶系统保护细胞膜免受自由基伤害，抗性强的品种在逆境条件下能使保护酶的活力维持在一个较高水平，有利于清除自由基，降低膜脂过氧化水平，从而减轻膜伤害程度(王忠华等，2002)。李继东等(2006)对毛白杨无性系酶活性与抗性关系的研究中发现毛白杨感虫无性系过氧化物酶的酶活力大于抗虫无性系，说明过氧化物酶的酶活性对抗虫性有一些影响。植物受伤后，过氧化物酶活性的提高能增强其它酶的产生速度，并能加强氧化酶活性，以抵抗病原微生物，因此过氧化物酶活性的提高是植物抵抗不良环境的一种反映。代莉等(2003)对毛白杨树皮酶活性与抗虫性进行初步研究，结果发现感虫无性系内的过氧化物酶的酶活力大于抗虫无性系，但二者差异不显著。陈奕吟等(2007)对低温锻炼条件下胡杨抗氧化酶活性进行测定，发现低温锻炼(2℃)，不仅提高了胡杨愈伤组织的抗寒性及脯氨酸，同时增强了SOD、CAT、POD等抗氧化酶的活性。史瑞等(2008)对10种杨树酶活性与抗性的关系中提出10个杨树品种，其中PPO与POD活性差异极显著，认为PPO和POD与抗虫性有关。抗虫杨树与感虫杨树SOD活性无明显规律性，可能只有杨树处于逆境时，SOD才会充分发挥作用。荀萍等

(2003)对速生杨与钻天杨生理生化特性比较研究中发现在树木生长中与生物量积累相关的生理指标有叶绿素含量及硝酸还原酶活性，在抗逆性及对环境的适应方面过氧化物酶活性的高低不仅与生长发育的快慢有关，也与植物抗病性密切相关。

杨树生长的优劣与杨树生理活动密切相关。深入开展杨树生理的研究工作，可以准确掌握杨树发育规律，将生理指标应用于无性系选育，可以推动杨树育种的发展。

3　分子标记及其在杨树育种中的应用

3.1　树种育种中常用的分子标记种类

遗传标记是鉴别基因组中基因位点的手段，它经历了形态标记、细胞标记、同工酶标记到分子标记的发展过程，其中分子标记直接检测 DNA，其它三种方法检测 DNA 的表达产物。DNA 分子标记与其它遗传标记相比有以下优越性：①DNA 分子标记直接以 DNA 的形式表现，不受环境和季节的限制，与不良性状无必然联系，使得对植株的基因型早期选择成为可能；②标记数量几乎是无限的，遍及整个基因组；③DNA 标记多态性和灵敏度高，检测速度快；④大多数分子标记表现为共显性，能为纯合基因型和杂合基因型的鉴别，提供完整的信息。因此 DNA 分子标记以其独特的优越性广泛应用于生物遗传变异研究的各个方面(吕志华，2006)。从人类遗传学家 Botstein 等(1980)首次提出 DNA 限制性片段多态性作为遗传标记的思想以及 PCR 技术至今，已经发展了十几种基于 DNA 多态性的分子标记技术。

在杨树育种中，常用的分子标记为 RFLP(Restriction Fragment Length Polymorphism)、AFLP(Amplified Fragment Length Polymorphism)、RAPD(Random Amplified polymorphism DNA)和 SSR(Simple Sequence Repeat)等(杨淑红等，2009)。

3.1.1　RFLP 标记

RFLP 即限制性片段长度多态性，由美国学者 Bostein 等(1993)提出，利用特定的限制性内切酶识别并切割不同生物个体的基因组 DNA，得到大小不等的 DNA 片段，所产生的 DNA 数目和片段长度反映 DNA 分子上不同酶切位点的分布情况。RFLP 标记自开发以来，得到了广泛应用，已经利用 RFLP 标记构建了人和许多动物的遗传图谱，国外也有桉树、杨树和日本柳杉等植物的 RFLP 遗传图谱报道。RFLP 是共显性分子标记，做 RFLP 分析的探针制备需要花费相当的时间和费用，进行 RFLP 分析的酶切、转膜、探针标记、分子杂交等过程繁琐，所需费用高，时间长，操作复杂。

3.1.2 AFLP 标记

AFLP 是由 Zabean 和 Ros 于 1992 年发明的一项利用 PCR 技术检测 DNA 多态性技术。原理是将 DNA 用限制性内切酶酶切，连接上一个接头，根据接头的核苷酸和酶切位点序列设计引物，然后利用两个选择性引物进行特异性 PCR 扩增。AFLP 是显性标记，多态性强，适合绘制指纹图谱及分类研究，AFLP 稳定性好，重复性强，但实验程序交复杂，成本较高。近些年 AFLP 广泛应用于农作物、树木图谱构建、基因定位和克隆、分子标记辅助选择和 DNA 指纹图谱分析。

3.1.3 RAPD 标记

RAPD 是 1990 年 Williams 和 Welsh(1990)等两个课题组同时提出的一种新型的分子标记技术，基本原理是采用单个或者多个碱基随机引物，通过 PCR 对 DNA 扩增，然后利用琼脂糖电泳获得多态性作为遗传标记的方法。RAPD 优点是操作简单，对 DNA 质量要求不高，且 DNA 用量少，目前国际上已经用 RAPD 标记构建了多种树种如火炬松、湿地松、白云杉、挪威云杉、日本柳杉的遗传图谱(谭晓风等，1997)。但 RAPD 为显性标记，难以区别纯合体和杂合体，技术对试验的敏感性强，重复性差(杨淑红等，2009)。

3.1.4 SSR 标记

SSR 又称微卫星 DNA、短串联重复或简单序列多态性。生物基因组内存在许多未知功能的重复序列，其中以串联重复序列的微卫星和小卫星 DNA 适合作为分子标记式样。小卫星的重复单位一般为 11 ~ 60bp，主要存在于染色体的近端，不同个体有串联数目的差异，因而可以进行多态性分析和染色体定位。同一微卫星 DNA 可以分布于整个基因组织的不同位置上，由于重复次数不同以及重复程度的不同而造成多态性(谭晓风等，1997)。微卫星分子标记在林木育种中的应用前景十分广阔，可以用于植物基因型鉴定(Chen et al, 2007)、遗传图谱构建(Gaudet et al, 2008)、QTL 定位(Dillen et al, 2009；Wullschleger et al, 2005；Huang et al, 2004)、种质资源保存、濒危物种保护、基因流检测、群体的遗传漂变、基因突变及系统发生等领域(黄秦军等，2002；Sssa et al, 2009)。

3.2 SSR 分子标记在杨树育种中的应用

3.2.1 无性系指纹图谱构建和遗传多样性分析

杨树因其生长快、适应性强而被世界许多国家广泛引种和栽培，现在杨树品种繁多，经常出现品种混杂现象。杨树 DNA 标记研究起步较晚，但由于林木育种学家对速生林的重视和分子标记技术的发展，对杨树系统研究取得了长足的进步(张德强等，2001)。分子标记最为直接的应用是对单株进行指纹图谱分析，Castiglione(1993)等利用RAPD标记对杨属不同种的32个无性系进行分析。随后Sanchez N等利用RAPD标记对黑杨、美洲黑杨、银白杨等25个无性系进行鉴定，均取得了较好效果(Sanchez et al，1998)。在国内河北农业大学梁海永等(2005)利用SSR的方法对杨树的10个品种进行基因组多态性分析，选用了10对引物扩增出122个DNA片段，其中114个片段呈现多态性，占总扩增片段的93.44%，平均每对引物得到12.2个位点，并利用DNA扩增结果进行聚类分析，把供试杨树的10个品种分为3类。卫尊征等(2008)利用120对杨树特异的SSR引物对白、青杨杂种子代进行扩增分析，结果发现子代显示出双亲间的杂种类型谱带，利用SSR证明白杨派和青杨派的杂交亲和性。在遗传多样性方面，张香华等(2006)利用13对SSR引物对120份欧洲黑杨基因资源进行遗传多样性分析，共检测出171个等位基因，每个多态性位点检测到7~19个等位基因，平均13.2，多态性信息指数为0.396~0.909，平均为0.808。通过UPGMA聚类分析，将120份材料划分为8类，地理分布较近的材料基本聚在一起，表明遗传距离与地理距离相关性强。李世峰等(2006)利用12对SSR引物对美洲黑杨11个半同胞家系的137个子代进行遗传分析，共检测到103个等位基因，平均每对引物检测到的等位基因数为8.67，平均有效等位基因数为5.347，观测杂合度平均值0.39，平均期望杂合度0.75，利用UPGMA方法进行聚类分析的结果表明，家系间的遗传相似性与地理位置差异基本相符。

3.2.2 杨树遗传图谱构建

遗传图谱的构建是基因组研究中最基础的工作，可以为基因定位与克隆及基因组结构和功能的研究奠定基础。第一个进行杨树遗传图谱构建的是Minnesota大学的Liu和Funrnier，1993年他们首次发表了杨树的连锁图谱，以美洲山杨5个全同胞家系为材料，包括了54个RFLP标记和三个等位酶标记，形成14个连锁群(Liu et al，1993)。华盛顿大学Bradshaw等(1994)利用RFLP、RAPD、STS三类标记方法建立的美洲黑杨×毛果杨F_2群体的遗传图谱进行了生长、干形、树叶萌发和变异的QTLs定位研究。张新叶等(2000)利用RAPD标记和美洲黑杨×欧美杨的F_1群体构建了美洲黑杨×欧美杨的分子标记图谱，241个标记形成19个连锁群、6个三连体和14个连锁对。尹佟明等(1999)利用RAPD标记响叶杨×银白杨的F_1群体，按拟测交作图策略，分别构建了响叶杨和银白杨的分子标记图谱。利用多点连锁分析，银白杨中有189个连锁标记构成了20个不同的连锁群，6个三连体和

16 个连锁对，总图距 2 402.4cM。张蕴哲等(2003)利用毛新杨×毛白杨的杂交群体构建了毛新杨×毛白杨的 AFLP 分子遗传图谱，选用 19 对 PstI/MseI 引物和 4 对 EcoRI/MseI 引物，得到标记 662 个，其中 3∶1 标记占 43.2%，异倍标记占 14.5%，偏分离标记占 48.8%。苏晓华等(1998)等人利用 RAPD 标记技术，以美洲黑杨×青杨 F_2 代 80 个单株为材料，构建出美洲黑杨×青杨分子标记连锁图谱，该图谱由 110 个 RAPD 标记组成了 20 个连锁群，标记间平均间距为 17.27 cM，为杨树抗病虫和其它性状基因定位提供了框架结构，为实现杨树分子遗传育种迈进了最重要的一步。

3.2.3 数量性状位点定位辅助选择育种

林木选择育种工作主要集中于对重要经济性状的选择，如生长、产量、化学成分含量、材性和抗病性等，所以在林木分子标记辅助选择育种过程中必须先进行数量性状的定位(陈永忠等，2002)。数量性状位点(Quantitative trait loci，简称 QTL)是连锁图谱上与数量性状有关的基因位点，QTL 不等于基因，只是表示了基因有关的区域在连锁图上的位置，利用这种遗传图和分子标记技术可以使林木育种从表型选择逐步过渡到基因型选择，进一步利用 QTL 定位的成果进行标记辅助选择，提高育种效率。很多研究表明，在一定条件下，QTL 图谱具有较高的可信度，可以用于标记辅助育种(Rae et al，2009；Wu et al，1997，2000)。Bradshaw 等利用毛果杨和美洲黑杨杂交，对树高、胸径、材积、干形和分支角度进行 QTL 定位，发现这些数量性状变异的 25%～96% 是受 1～5 个 QTL 控制(Bradshaw et al，1994)。Cervera MT 等以美洲黑杨×黑杨 F_1 代的叶片为材料，利用 AFLP 技术，用 144 个引物筛选出大小为 70800 个核苷酸的多态性片段 11500 个，得到 3 个与抗杨树叶锈病基因紧密连锁的 AFLP 标记(Cervera，1996)。Villar 等利用 BSA 方法，对杨树 4 个家系 189 个子代进行研究，得到了 5 个与抗杨树叶锈病相连锁的 RAPD 标记，使分离该基因成为可能(Villar，1996)。张德强(2005)等以毛新杨和毛白杨回交子代 120 株个体为作图群体，对叶长、叶宽、叶面积和叶柄长以及春季萌芽时间共 5 个性状的数量性状位点进行分析，在检测到的 17 个 QTLs 中，每一 QTL 可以解释表型变异的 7.6%～15.8%。此外，发现控制叶长、叶宽等性状的 QTLs 位于相同的基因组区域，而对于春季萌芽时间检测到 3 个 QTLs，分别位于 3 个不同的连锁群上，可以推测叶片表型和春季萌芽时间这两类性状由各自相应的基因控制。李金花等利用美洲黑杨和青杨杂交获得的 F_2 群体样本 80 株，应用 RAPD 标记检测与 F_2 群体 3 个数量性状(苗高、地径和封顶期)有关的 QTLs，结果表明在与性状相关联的标记中，有两组 QTLs 互作组合与苗高相关联(李金花等，1999)。黄秦军等利用来自 87 个 F_2单株的 810 个标记构建了美洲黑杨和青杨杂种分子连锁遗传图谱，该图谱包括 19 个主要连锁群，共 368 个标记。利用区间作图法在 LOD≥2，检测区间为 2cM 条件下检测到 8 个与木材性状有关的 QTLs。其中与木材基本密度相关的 3 个 QTLs 贡献率分别为 27. 1%、27. 1% 和 25. 5%，与微纤丝角度关联的 QTLs 贡献率为 18. 6%，与纤维长度关联的 QTLs 贡献率为 48. 9%，与纤维宽度关联的 3 个 QTLs 贡献率分别为 17. 4%、27. 4% 和 48. 3%。利用 QTL 定位进行辅助育种与传统的育种方法相比具有较大的优越性，特别是当与目的基因位点相连锁时，可以更有效地利用多个标记对目的性状进行选择。

我国杨树育种工作迅速发展，同时也存在许多不足，在育种的理论、方法方面均有待完善。长期以来，我国虽然进行了杨树派内、派间数百个杂交组合试验，但选择效率低。在选择方法上，利用多角度，多方面联合评价选择研究较少。在研究中通常忽视基因型与环境的互作，对品种的遗传稳定性分析较少，在区域化试验中，测定时间短，不能有效选择不同栽培区的适应品种。上述问题表明，在我国杨树育种过程中，应该以杂交育种为前提，立地选择为基础，对品种进行多性状综合评价，把常规育种与分子育种有机结合，建立现代化的育种体系，切实解决杨树育种中存在的普遍问题。

本书以白杨派内种或者杂种作为亲本，切枝水培杂交获得以毛白杨为母本的杂交子代。同时对实验室前期杂交所获白杨派内杂种苗木进行遗传稳定性分析，多表型性状综合评价，对无性系进行光合特性、酶活性等生理指标辅助评价，同时利用 SSR 分子标记的手段对无性系进行指纹图谱构建和遗传距离分析，将常规杂交育种与分子育种相结合，提高育种效率，为杨树无性系评价提供理论依据。

第1章

白杨杂交试验及杂种子代变异分析

白杨派树种是我国黄河流域重要的工业用材和生态防护树种，其适生在大陆半干旱带和大陆湿润带等生境范围内栽培可发挥较大的经济效益、生态效益和社会效益(赵天赐，1994)。目前杂交育种依然是杨树良种培育的主要手段，白杨派内种间杂交可配性高，配合力较好(澮台湛，2005)。国内外在白杨派种内、种间杂交育种方面已经做了大量的研究工作，培育出许多优良品种。

本章内容主要包括白杨派内不同种和杂种切枝水培杂交试验，同时对亲本的花序性状进行测定分析，并且利用组织培养的方法对脱落的幼胚进行胚挽救，获得杂种子代，为杨树研究材料的获得奠定基础。

1.1 材料与方法

1.1.1 试验条件概况

杂交试验于北京林业大学温室内进行，平均温度22～27℃，相对湿度50%～70%。

1.1.2 试验材料概况

2007年1月5日开始，于北京、陕西、山东、吉林等4个地点进行白杨花枝的收集，试验材料和采集地点见表1-1。

1.1.3 交配设计

交配设计采用不完全双列杂交设计，具体见表1-2，根据父母本具体情况共进行19个杂交组合的试验。

1.1.4 杂交方法

在温室中对采集的枝条进行水培，首先对雄株进行水培，待散粉前对雌株进行水培，尽量利用新鲜花粉对雌株进行授粉，如花粉先收集，可将花粉干燥低温储藏。待雌株花芽柱头发亮时利用收集的花粉进行人工授粉，为保证授粉质量，尽量在柱头可授时期授粉3次以上。

表 1-1　实验材料及其来源

	杂交亲本	编号	性别	采集地点
LM 50	*P. tomentosa*‘LM50’	LM50	♂	山东冠县苗圃
5082	*P. tomentosa*‘5082’	5082	♀	北京林业大学院内
毛白杨 1 号	*P. tomentosa*‘1’	Pt－1	♀	陕西农校院内
毛白杨 2 号	*P. tomentosa*‘2’	Pt－2	♀	陕西林校院内
毛白杨 3 号	*P. tomentosa*‘3’	Pt－3	♂	西北农林科技大学院内
毛白杨 4 号	*P. tomentosa*‘4’	Pt－4	♀	中国林业科学研究院
毛白杨 6 号	*P. tomentosa*‘6’	Pt－6	♀	中国林业科学研究院
毛白杨 7 号	*P. tomentosa*‘7’	Pt－7	♀	中国林业科学研究院
山杨 1 号	*P. davidiana* Dode ‘1’	Pd－1	♂	吉林省露水河林场
山杨 2 号	*P. davidiana* Dode‘2’	Pd－2	♂	吉林省露水河林场
银腺杨 1 号	*P. alba* × *P. glandulosa*‘1’	AG－1	♀	山东冠县苗圃
银腺杨 2 号	*P. alba* × *P. glandulosa*‘2’	AG－2	♂	山东冠县苗圃
银腺杨 84k	*P. alba* × *P. glandulosa*	84k	♂	西北农林科技大学院内
毛新杨 TB01	*P. tomentosa* × *P. bolleana*‘01’	TB01	♀	北京林业大学院内
毛新杨 TB14	*P. tomentosa* × *P. bolleana*‘14’	TB14	♂	中国农业大学家属区
澳洲银白杨	*P. alba*	Pa	♂	北京林业大学院内

表 1-2　白杨杂交亲本交配设计

♀ / ♂	5082	Pt－1	Pt－2	Pt－4	Pt－6	Pt－7	AG－1	TB01
LM50	×	×	×				×	
Pt－3		×						
Pd－1			×					×
Pd－2			×					
AG－2					×		×	
84k				×			×	×
TB14				×	×	×		×
Pa		×				×		

1.1.5　花序表型调查方法

对 8 个雄株(LM50、Pt－3、Pd－1、Pd－2、AG－2、TB14、Pa、84K)和 3 个雌株(Pt－1、Pt－2、AG－1)进行花序表型的测定，随机选择 6 个发育正常的花枝，每个花枝选择发育正常的 5 个花序。雄枝于花序散粉时进行花序的长度、宽度的测定，雌枝于柱头可授粉时测定花序长度和宽度。

1.1.6 幼胚培养

对授粉后的花序进行观察，发现以毛白杨为母本的杂交组合在种子成熟之前全部脱落。利用组织培养的方法对脱落的幼胚进行挽救，具体参照张德强(2002)的方法。

1.1.6.1　培养基的制备

培养基配制按照1/2MS配方(MS培养基配方中大量元素减半，其它元素不变)，将培养基母液配置好后，按母液顺序并根据母液的不同浓度取规定的量，加入1000ml烧杯中，定容，将酸碱度调至pH5.8，加入30g蔗糖和7g琼脂，加热搅拌至完全溶解。将配好的培养基趁热分装到组培瓶内，放入高压灭菌锅灭菌，115℃，20min，拿出待用。

1.1.6.2　幼胚消毒

对脱落的幼胚进行消毒，首先利用去离子水把蒴果清洗干净，利用75%的酒精浸泡1min后放入0.1%的升汞中消毒30s后立即取出，用去离子水清洗3次，取出蒴果后利用灭菌的镊子轻轻剖开蒴果，取出幼胚，点播到1/2MS培养基上进行培养。为方便统计，每瓶培养基播种50粒，播种后做好标记，注明杂交组合号，放入培养室的组培架上，进行光照培养。

1.1.6.3　组培苗移入营养杯

幼胚发芽后，待有2~3片真叶，有明显主根时可以将组培苗移入营养杯基质中。基质配比为黏土：沙土：珍珠岩：草炭质量比3∶3∶2∶2，利用1%高锰酸钾消毒后待用。组培苗在移栽时先用清水清洗根部，移栽过程中注意做好标记，注明组合号、移栽日期、移栽株数。移栽后将营养杯放入温室中，浇足够的水，利用透明塑料布遮盖，防止水分蒸发。每天透气2~3次，随时观察组培苗生长状况，如遇高温、虫害等事宜应及时处理。

1.1.6.4　杂交苗子代变异分析

对2年生杂种苗木进行苗高、地径的调查，分析不同杂交组合间苗木树高、胸径变异状况。

1.1.7 数据分析

所有数据利用SPSS软件进行分析。根据续九如(2006)的方法估算无性系重复力。

$$R = 1 - 1/F$$

式中：F为方差分析的F值

变异系数

$$PCV = S/\bar{X} \times 100\%$$

式中：S为表型标准差；$\bar{X}$为性状群体平均值。

遗传变异系数

$$GCV = \sqrt{\sigma_g^2} / \bar{X} \times 100\%$$

式中：σ_g^2 为遗传方差；$\bar{X}$ 为某一个性状的平均值。

1.2 结果与分析

1.2.1 花序长度、宽度变异分析

雄株花序发育形态如图 1－1 所示，不同单株花序散粉时形态如图 1－2 所示，长度和宽度的具体方差分析见表 1-3，8 个雄株花序长度和宽度均呈极显著差异水平，花序长度平均值为 79.50mm，变异系数为 40.90%，遗传变异系数为 35.19%，重复力为 0.9947。宽度平均值为 13.97mm，变异系数为 16.48%，遗传变异系数为 11.40%，重复力为 0.9857。3 个雌株花序可授粉时长度、宽度呈极显著差异，长度平均值为 20.81mm，表型变异系数为 32.39%，遗传变异系数为 29.48%，重复力为 0.9941。花序宽度平均值为 6.44mm，表型变异系数为 22.57%，遗传变异系数为 19.33%，重复力为 0.9924。

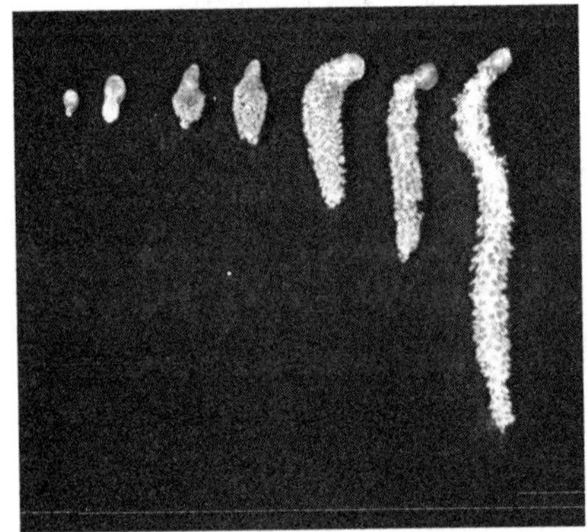

图 1－1　LM50 花芽发育过程

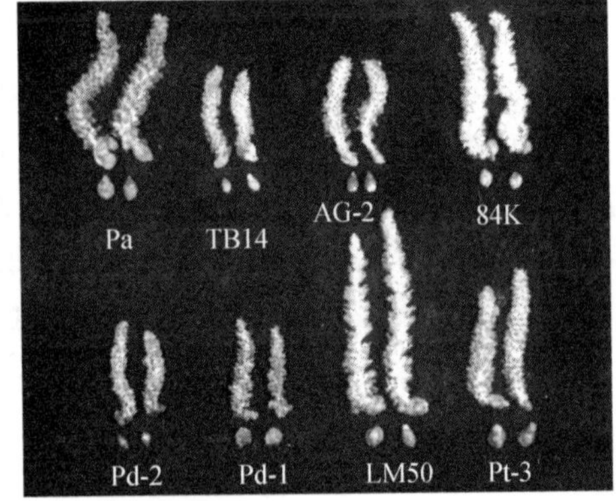

图 1－2　8 个雄株花序长度

表 1-3　花序长度、宽度变异参数

性别	性状	*df*	*MS*	*F*	Mean (mm)	*PCV* (%)	*GCV* (%)	*R*
雄株	花序长度	7	70800.02	190.56**	79.50±32.52	40.90	35.19	0.9947
	花序宽度	7	231.53	69.81**	13.97±2.35	16.84	11.40	0.9857
雌株	花序长度	2	3407.41	168.88**	20.81±6.74	32.39	29.48	0.9941
	花序宽度	2	140.30	131.01**	6.44±1.45	22.57	19.33	0.9924

注：** 表示 0.01 显著性水平。

白杨雄株单株花序长度和宽度见表1-4，LM50(126.43mm)、Pt－3(92.48mm)和Pa(101.02mm)花序长度较大，其次是AG－2和84K(分别为75.89mm和88.63mm)，之后是TB14(53.00mm)，长度最小的是Pd－1(54.16mm)和Pd－2(44.40mm)。雄株花序宽度变化范围为11.29～15.73mm，LM50宽度最大，其次是AG－2和Pt－3，花序宽度最小的是TB14和TB－2。3个雌株在授粉时花序长度最大的Pt－1(25.48mm)是AG－1(13.84mm)花序的2倍，Pt－1和Pt－2的花序宽度差异不大，但均与AG－1差异达显著水平。

表1-4　亲本花序长度、宽度

单株	花序性状	Mean(mm)	Min(mm)	Max(mm)
Pt－3	长度	92.48 ±40.62 c	40.25	157.00
	宽度	15.11 ±3.03 ab	8.30	21.24
LM50	长度	126.43 ±22.89 a	81.38	194.47
	宽度	15.73 ±1.87 a	11.63	19.60
TB14	长度	53.00 ±6.79 e	37.00	70.46
	宽度	11.29 ±1.16 e	8.72	14.85
AG－2	长度	75.89 ±10.88 d	54.93	96.15
	宽度	15.26 ±1.66 ab	10.25	18.80
84K	长度	88.63 ±13.04 c	52.00	115.49
	宽度	13.79 ±1.68 c	9.90	17.69
Pd－1	长度	54.16 ±9.36 e	35.70	84.25
	宽度	13.77 ±1.47 c	10.81	17.33
Pd－2	长度	44.40 ±14.97 f	32.55	73.55
	宽度	11.98 ±1.50 d	8.30	19.29
Pa	长度	101.02 ±12.35 b	57.63	132.79
	宽度	14.86 ±1.59 b	11.30	18.95
AG－1	长度	13.84 ±3.35 c	8.16	25.87
	宽度	5.01 ±1.00 b	3.31	10.85
Pt－1	长度	25.48 ±3.16 a	17.89	32.17
	宽度	7.30 ±0.95 a	5.23	11.37
Pt－2	长度	23.15 ±6.28 b	15.05	42.24
	宽度	7.01 ±1.15 a	4.65	10.36

1.2.2 杂交组合亲和力分析

杂交组合亲和力见表1-5，以AG－1和TB01为母本的杂交组合亲和力均较高，获得了大量成熟种子。Pt－1与LM50杂交亲和力较高，获得大量幼胚，与Pt－3和Pa杂交不亲和，没有得到种子。Pt－2与LM50杂交亲和力较高，获得大量幼胚，而与Pd－1和Pd－2杂交亲和力较低，获得幼胚较少。5082与LM50杂交亲和力较高，组合获得大量幼胚。Pt－4与TB14杂交亲和力较低，获得少量幼胚，与84K杂交不亲和。以Pt－6和Pt－7为母本的杂交组合均没有亲和力。由表1-5可见，以LM50为父本的杂交组合亲和力均较高，母本Pt－1、Pt－2和AG－1长度和宽度均差异显著。以TB01为母本的杂交组合亲和力较高，父本TB14、84k和Pd－1的长度、宽度也均差异显著。以AG－1为母本的杂交组合亲和力较高，父本LM50、84k和AG－2长度、宽度均差异显著。初步判断杂交亲和力与花序长度、宽度等性状不相关。

表1-5　杂交组合亲和力

杂交组合	亲和力	结实状况
Pt－1×LM50	+++	果穗脱落
Pt－1×Pt－3	－	无种子
Pt－1×Pa	－	无种子
Pt－2×LM50	+++	果穗脱落
Pt－2×Pd－1	+	果穗脱落
Pt－2×Pd－2	+	果穗脱落
5082×LM50	+++	果穗脱落
Pt－4×TB14	+	果穗脱落
Pt－4×84k	－	无种子
Pt－6×AG－2	－	无种子
Pt－6×TB14	－	无种子
Pt－7×Pa	－	无种子
Pt－7×TB14	－	无种子
AG－1×LM50	+++	种子饱满
AG－1×84k	+++	种子饱满
AG－1×AG－2	+++	种子饱满
TB01×TB14	+++	种子饱满
TB01×84k	+++	种子饱满
TB01×Pd－1	+++	种子饱满

注：+++代表亲和性高，+代表亲和性较差，－代表杂交不亲和。

1.2.3　种子发芽率及成苗率分析

以 AG－1 和 TB01 为母本的杂交组合获得大量成熟饱满的种子。对种子进行播种，发芽率高，均达到95%以上，但在发芽后立枯病严重，子叶出土3～5天全部病死。以毛白杨为母本的杂交组合中有7个组合未得到种子，6个杂交组合在种子未达成熟时果穗开始脱落，收集脱落的幼胚进行组织培养(图1－5a)，获得幼胚数量及发芽情况见表1-6。杂交组合 Pt－2×LM50 与5082×LM50 得到幼胚数量最多，分别为495粒和468粒。杂交组合 Pt－2×Pd－2 与 Pt－4×TB14 得到幼胚数量最少，分别只有20和29粒。杂交组合 Pt－2×LM50 发芽率和成苗率最高，分别达到76.97%和71.31%，杂交组合 5082×LM50 幼胚数量多，但发芽率和成苗率最低，分别只有15.81%和4.49%。

表1-6　幼胚组织培养发芽率

杂交组合	幼胚数量	发芽数量	发芽率(%)	成苗数量	成苗率(%)
Pt－1×LM50	171	38	22.22	24	14.04
Pt－2×LM50	495	381	76.97	353	71.31
Pt－2×Pd－1	62	21	33.87	12	19.35
Pt－2×Pd－2	20	6	30.00	4	20.00
5082×LM50	468	74	15.81	21	4.49
Pt－4×TB14	29	10	34.48	6	20.69

1.2.4　杂交苗苗高、地径变异分析

对2年生杂交组合苗木进行苗高、地径测定，结果见表1-7，6个杂交组合2年生子代苗高平均值为63.00cm，地径平均值为6.99mm。组合 Pt－2×LM50 与 Pt－2×Pd－1 苗高最高，分别是84.42cm 和83.17cm。Pt－4×TB14 和 Pt－1×LM50 苗高最低，分别只有50.00cm 和49.67cm。Pt－2×LM50 杂交组合地径最大，达到10.86mm，是地径最小杂交组合苗 Pt－4×TB－14 的1.94倍。各杂交组合内单株苗高和地径均存在较大变异，苗高变异系数范围为13.66%～45.32%，地径变异系数变化范围为13.03%～39.51%。杂交组合 Pt－1×LM50 苗高变异系数最低，只有13.66%，变幅为39～61cm，组合内最高单株是最低单株的1.56倍。杂交组合 Pt－2×LM50 变异系数为38.72%，变幅为22～178cm，最高单株与最低单株相差7.09倍。对于地径来说，杂交组合 Pt－1×LM50 变异系数最小，最粗单株是最细单株的1.52倍。杂交组合 Pt－2×LM50 地径变异系数最高，最粗单株是最细单株的6.79倍。杂交组合间苗高、地径差异极显著(表1-8)。杂

交组合间、组合内树高、地径等指标变异大，有利于选择。

表 1-7　不同杂交组合苗平均苗高、地径

杂交组合	苗高(cm)	变幅(cm)	*PCV*(%)	地径(mm)	变幅(mm)	*PCV*(%)
Pt-1×LM50	49.67±6.78	39.00~61.00	13.66	5.97±0.78	4.79~7.27	13.03
Pt-2×LM50	84.42±32.69	22.00~78.00	38.72	10.86±4.29	3.63~24.65	39.51
Pt-2×Pd-1	83.17±37.69	42.00~151.00	45.32	6.36±1.95	3.88~8.52	30.69
Pt-2×Pd-2	51.33±14.15	35.00~60.00	27.57	5.98±1.08	4.74~6.70	18.04
5082×LM50	59.40±17.67	38.00~86.00	29.75	7.18±1.62	5.78~9.77	22.59
Pt-4×TB14	50.00±9.90	43.00~57.00	19.80	5.61±0.79	5.05~6.17	14.12
平均值	63.00±20.00	-	-	6.99±1.75	-	-

表 1-8　杂交组合子代苗高、地径方差分析

性状	变异来源	*df*	*MS*	*F*
苗高	杂交组合间	5	0.35672	3.54**
地径	杂交组合间	5	93.48101	5.58**

注：**表示极显著差异

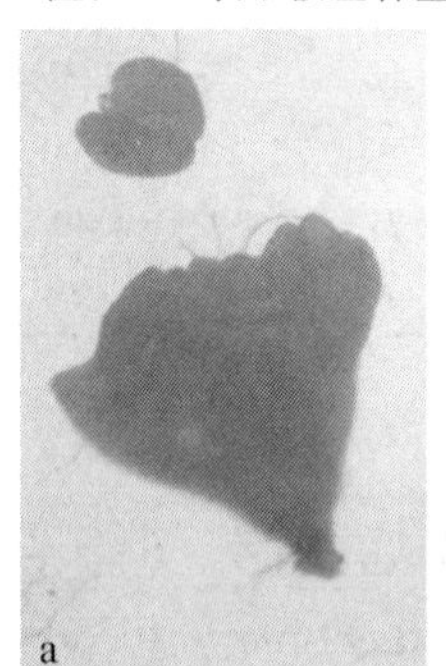

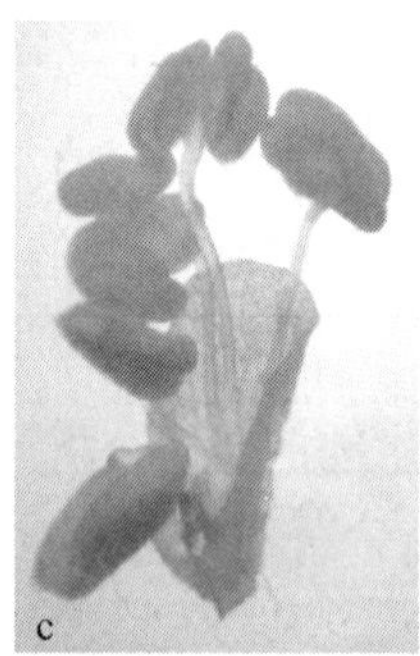

图 1-3　花药发育过程

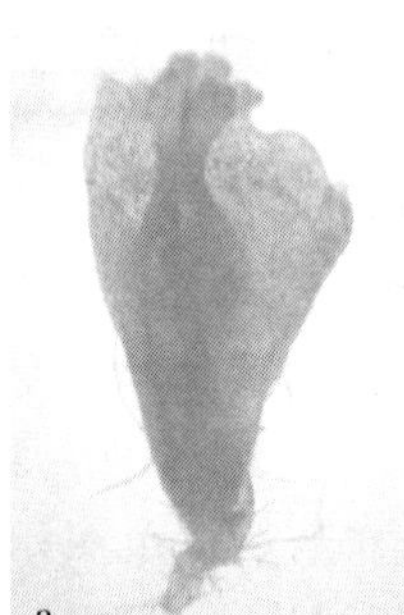

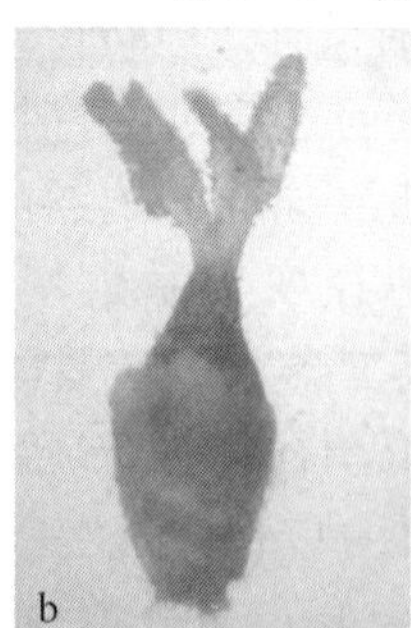

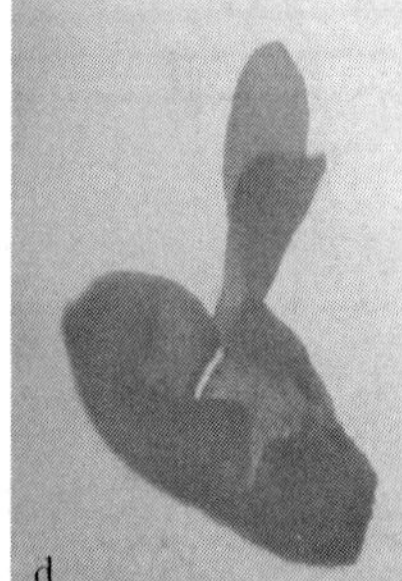

图 1-4　授粉和种子形成过程图

(a-b. 授粉过程；c. 种子；d. 子叶)

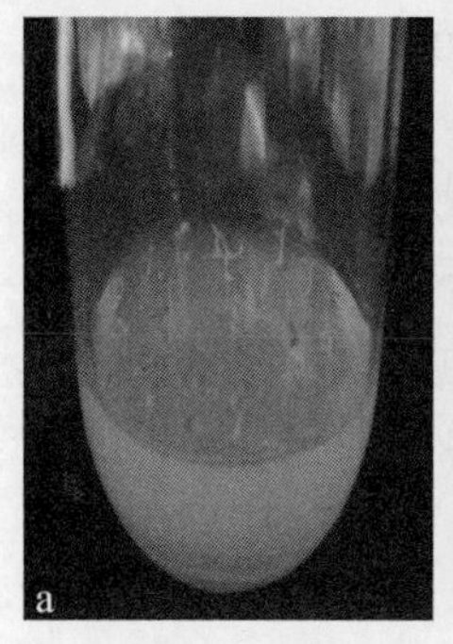

图1－5　组织培养和表型变异
（a. 幼胚培养成苗；b. 裸根苗；c. 子代叶形变异；d. 子代生长差异大）

1.3　讨论

8个白杨雄株花序长度变化范围为44.40～126.43mm，宽度变化范围为11.29～15.73 mm。3个白杨雌株花序长度变化范围为13.84～25.48mm，宽度变化范围为5.01～7.30mm。8个雄株和3个雌株间花序长度和宽度均差异显著，表明白杨杂种无性系花序变异较大。

亲和力是授粉后获得有生命力种子的机率。产生有生命力种子包括花粉与柱头识别、花粉萌发、花粉管穿过柱头和子房进入胚珠、精子和卵子结合以及合子的正常发育等过程。不亲和过程发生在合子形成以前，表明杂交不亲和。不亲和过程发生在合子形成之后，则表明杂交衰退或杂交劣势（李周歧，2001）。本研究中以杂种为母本的杂交组合亲和力均较高，而以毛白杨为母本的杂交组合亲和力差异较大。杂交组合Pt－1×LM50、Pt－2×LM50、5082×LM50亲和力较高，其它以毛白杨为母本的杂交亲和力均较低。这可能与毛白杨在长期的自然演化过程中，其类型繁多、遗传基础差异较大，致使毛白杨有性生殖困难。而利用毛新杨或者银腺杨作为母本时，获得很多饱满种子，表明利用杂种作为亲本可以提高杨树杂交亲和力。

对于杨树育种来说种子早期败育是一个不良特性，它降低育种率。通过组织培养，使可能败育或者退化的幼胚经过适宜的离体培养，获得再生的植株。本试验对以毛白杨为母本杂交组合的幼胚进行组织培养，不同杂交组合获得种子数量不同，组织培养幼胚发芽率不同。总的来说以Pt－2×LM50、Pt－1×LM50和5082×LM50组合获得的幼胚数量最多，经过组织培养后，只有Pt－2×LM50组合发芽率较高，其余几个组合发芽率均很低。表明其它杂交组合杂交衰退。在亲本选择上，不仅要对单株的表型（树高、胸径、分枝角度、抗性)等进行选择，还要尽量选择育性好的单株作为亲本，这样才能为获得大量子代基因型提供可能。

利用组织培养方法获得 6 个杂交组合的杂种苗 420 株，2 年生杂交子代苗高、地径差异极显著。其中苗高平均值最高的杂交组合(Pt－2×LM50)是苗高最低杂交组合(Pt－1×LM50)的 1.6 倍。地径平均值最大的杂交组合(Pt－2×LM50)是地径平均值最小组合(Pt－4×TB14)的 1.94 倍。相同杂交组合内子代树高变异系数为 13.66%～45.32%，地径变异系数为 13.03%～39.51%，高变异有利于选择。

本研究利用地理起源和生态类型差异较大的毛白杨优良单株作为亲本进行杂交，通过基因重组，可以使子代遗传基础更加丰富。白杨派杂交群体的建立，对探索白杨的基因分离以及连锁规律、基因遗传多样性有重要影响，为白杨无性系选择提供材料和理论依据。

第2章

毛白杨种内杂交无性系苗期生长模式变异分析

毛白杨是我国特有的乡土树种，广泛分布于我国黄淮海流域，是我国主要平原绿化树种(Zhang，2008；Rajora，2003)。其具有栽培周期短，生物量大，木材白皙细密等特点，是纸浆材和胶合板材的兼性优良树种，也是我国最适宜的短轮伐期工业用材经营树种(赵勇刚，2002)。毛白杨育种工作开始于20世纪四五十年代，迄今为止，毛白杨的研究从常规的杂交育种到倍性育种、辐射育种、化学诱变育种。杂交手段从单交到双交、四交到聚合杂交。研究方法从表型研究到细胞、蛋白质水平，继而发展到分子水平，培育出一批优良的无性系。但无论什么方法，杂交育种仍然是杨树新品种培育的最主要途径。杨树苗期生长过程存在着慢或快的不同生长期交替的生长模式，对不同生长期在无性系水平上是否存在变异，变异程度大小，以及不同生长期与年生长量的相关性方面的研究报道较少。特别是对生长过程中涉及的一些生长参数的研究则更少。本章以50个毛白杨种内杂交无性系为试材，对各无性系苗期的苗高和地径进行了连续调查，运用Logistic模型对1年生苗木的生长进行拟合，以探讨毛白杨苗期生长规律，探索毛白杨在苗木生产中最佳经营措施，期望可以获得速生优良无性系的间接选育性状，为速生无性系早期评价和选择提供依据。

2.1 材料与方法

2.1.1 实验材料

试验材料主要包括49个毛白杨种内杂交无性系和1个父本无性系LM50杂交无性系母本为陕西林校院内毛白杨优株，具体见表2-1。

2.1.2 试验条件与试验方法

试验在北京林业大学温室内进行，4月初采用嫁接方式对毛白杨进行扩繁，4 月中旬开始发芽，每个无性系选择生长正常的 9 株进行标记，作为调查的主要材料，4 月 25 日开始进行苗高的测定，之后每隔一周测定一次，共计测定 23 次(以 1 月 1 日为第一天，4 月 25 日为第 115 天，以此类推，最后测定的日期为第 279 天，也就是 10 月 5 日)。

表 2-1　试验材料

来源	编号						
杂种无性系	Ph 2	Ph 28	Ph 56	Ph 83	Ph 112	Ph 145	Ph 170
	Ph 7	Ph 32	Ph 57	Ph 90	Ph 113	Ph 151	Ph 176
	Ph 12	Ph 34	Ph 60	Ph 92	Ph 117	Ph 152	Ph 180
	Ph 14	Ph 35	Ph 66	Ph 101	Ph 118	Ph 153	Ph 184
	Ph 21	Ph 42	Ph 70	Ph 103	Ph 132	Ph 155	Ph 186
	Ph 22	Ph 47	Ph 72	Ph 109	Ph 141	Ph 156	Ph 192
	Ph 23	Ph 53	Ph 77	Ph 111	Ph 142	Ph 158	Ph 194
选种无性系	LM50						

2.1.3　数据处理

Logistic 方程对苗期年生长进程进行曲线拟合，S 型生长曲线方程为：

$$y = \frac{k}{1 + e^{a-bt}} \tag{2-1}$$

式中：y 为苗木累积生长量；t 为苗木生长的天数；k 表示苗木年生长极限值，用苗高或地径的等差三点法求得；a、b 是参数，用最小二乘法求得(杨斌，2006)。

$$k = \frac{y_2^2(y_1 + y_3) - 2y_1y_2y_3}{y_2^2 - y_1y_3} \tag{2-2}$$

对式 2-1 求二阶导数得：

$$\frac{d^2y}{dt^2} = b^2ke^{a-bt}(-1 + e^{a-bt})(1 + e^{a-bt})^{-3} \tag{2-3}$$

令 $\frac{d^2y}{dt^2}=0$，则 $t = ab^{-1}$。此时，t 为苗高、地径日生长速度最大值的日期，称之为速生点，用 t_0 表示。

苗期苗高、地径年生长阶段的划分可通过对式 2-1 求三阶导数得：

$$\frac{d^3y}{dt^3} = b^3ke^{a-bt}(e^{2\ln a-2bt} - 4e^{a-bt} + 1)(1 + e^{a-bt})^{-4} \tag{2-4}$$

令 $\frac{d^3y}{dt^3}=0$，则 $e^{2\ln a-2bt}-4e^{a-bt}+1=0$，得：$t=[a-\ln(2\pm\sqrt{3})]b^{-1}$

即

$$t_1=(a-1.317)b^{-1} \tag{2-5}$$

$$t_2=(a+1.317)b^{-1} \tag{2-6}$$

其中，t_1和t_2分别表示速生期始期和速生期结束期。可借助t_1和t_2将植物的年生长过程划分为3个阶段：$(0, t_1)$、(t_1, t_2)、$(t_2$，封顶)。第一个阶段称为“前慢期”，生物处于该期内生长速度逐渐加快；当生长速度达到年总平均生长速度$\bar{v}$时，生物进入生物年生长的第二阶段，即“速生期”，该期生物处于持续速生阶段，生长速度大于年总平均生长速度，在此期间达到最大生长速度，随后，生长速度逐渐减慢；当生长速度低于年总平均生长速度时，即进入生物年生长的第三阶段，称为“后慢期”，该阶段生物处于成熟阶段，生长速度逐渐放慢，直至封顶(郭从俭，1988；曹健康，2006；傅大立，2001)。

可见，在符合S型生长曲线的林木个体年生长过程中，“速生期”是生长过程的关键阶段。同时，应重视S生长曲线的几个重要参数：其一是生长极值k，它常常是培育的直接目标；其二是物候期参数，速生期始点t_1、终点t_2、速生点t_0、及速生持续期$(t_2\sim t_1)$，其中t_1与t_2点的生长速度为平均生长速度，t_0点的生长速度为最大生长速度，这在林木培育上具有重要的价值。

2.2　结果与分析

2.2.1　毛白杨种内杂交无性系苗高方差分析

不同时间毛白杨种内杂交无性系方差分析结果见表2-2，不同无性系、不同时间、无性系与时间的交互作用均呈极显著差异($P<0.01$)。

表2-2　50个毛白杨种内杂交无性系苗高方差分析

变异来源	*SS*	*df*	*MS*	*F*
无性系	649037.537	49	13245.664	244.839**
时间	5817551.793	22	264434.172	4887.922**
无性系×时间	340467.066	1078	315.832	5.838**
误差	497715.501	9200	54.100	
总计	23986061.677	10350		

**表示0.01水平差异显著。下同。

2.2.2 毛白杨种内杂交无性系苗期年生长模型构建

毛白杨种内杂交无性系苗高的生长可以利用S型曲线方程式2-1进行拟合，无性系Ph 109和Ph 70苗高拟合曲线如图2－1所示，无性系Ph 109和无性系Ph 70苗高生长高度符合S型生长曲线。同时利用所有参试无性系苗高的观测值，通过式2-2求出k值，利用最小二乘法估计参数a和b值，建立各无性系的生长模型，具体见表2-3，各生长模型拟合系数均超过0.887以上，用F检验，均达显著水平。实测值与k值非常接近，表明利用Logistic方程拟合毛白杨种内杂交无性系苗高生长节律是可行的。

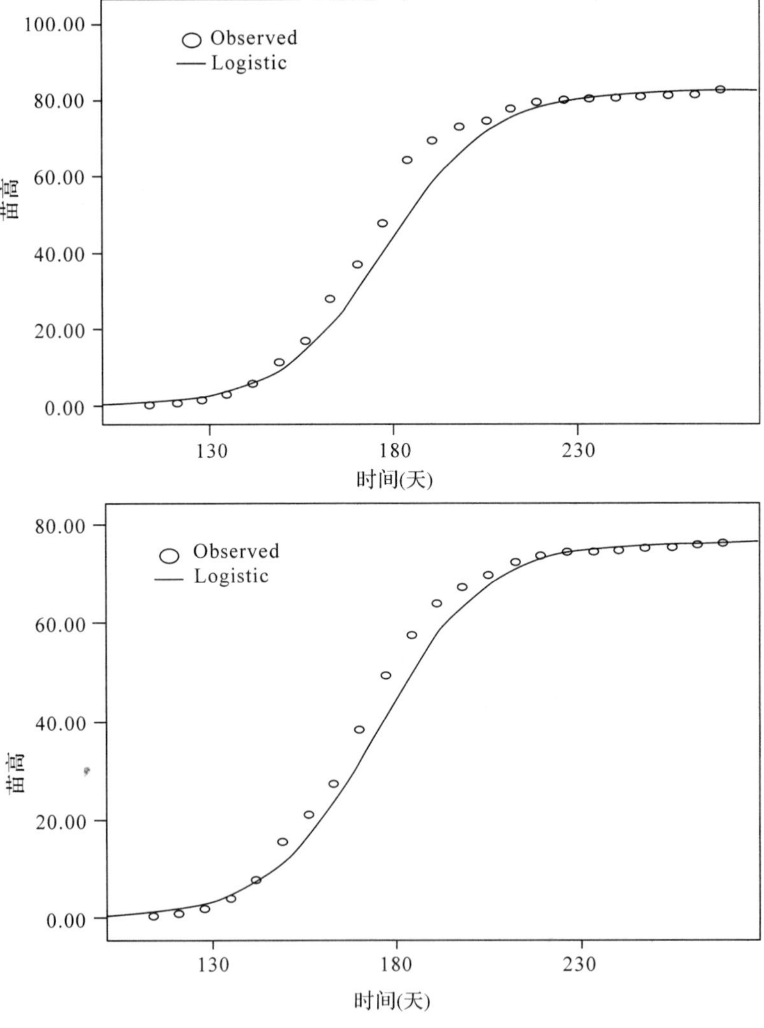

图2－1 无性系Ph109(上)和Ph70(下)苗高拟合曲线

表 2-3　50 个毛白杨种内杂交无性系苗高、地径的 Logistic 模型

无性系	实测值	K	R^2	F	a	b
Ph 2	51. 63	51. 64	0. 925	261. 292	9. 569	0. 067
Ph 7	55. 22	55. 36	0. 947	226. 831	7. 958	0. 054
Ph 12	79. 64	79. 88	0. 903	551. 334	8. 666	0. 058
Ph 14	82. 83	82. 89	0. 935	320. 167	8. 860	0. 061
Ph 21	58. 79	58. 81	0. 899	128. 243	8. 829	0. 061
Ph 22	59. 80	59. 95	0. 960	505. 622	9. 507	0. 060
Ph 23	77. 04	77. 09	0. 946	364. 816	8. 967	0. 062
Ph 28	58. 18	58. 20	0. 933	290. 513	8. 568	0. 061
Ph 32	58. 27	58. 29	0. 962	524. 350	10. 725	0. 071
Ph 34	60. 16	60. 23	0. 924	255. 076	7. 446	0. 053
Ph 35	61. 48	61. 59	0. 949	381. 424	7. 828	0. 055
Ph 42	54. 77	54. 79	0. 945	365. 540	8. 989	0. 064
Ph 47	34. 74	34. 76	0. 943	342. 627	9. 111	0. 066
Ph 53	50. 32	50. 36	0. 912	129. 116	8. 025	0. 056
Ph 56	60. 33	60. 51	0. 962	523. 962	8. 883	0. 058
Ph 57	70. 11	70. 17	0. 939	323. 902	9. 768	0. 064
Ph 60	74. 48	74. 50	0. 955	444. 587	9. 583	0. 067
Ph 66	62. 27	62. 36	0. 929	274. 261	8. 197	0. 056
Ph 70	76. 33	76. 37	0. 968	643. 563	9. 960	0. 069
Ph 72	48. 99	49. 22	0. 830	102. 877	6. 190	0. 041
Ph 77	51. 67	51. 68	0. 943	344. 101	9. 624	0. 067
Ph 83	58. 52	58. 54	0. 953	422. 315	10. 750	0. 071
Ph 90	90. 58	90. 62	0. 926	264. 039	9. 828	0. 065
Ph 92	60. 46	60. 47	0. 941	338. 045	9. 354	0. 066
Ph 101	70. 14	70. 18	0. 938	315. 448	10. 109	0. 066
Ph 103	65. 16	65. 18	0. 951	404. 441	9. 220	0. 065
Ph 109	82. 33	82. 36	0. 954	435. 272	10. 546	0. 071
Ph 111	92. 84	93. 02	0. 953	430. 503	8. 362	0. 057
Ph 112	64. 69	64. 73	0. 972	731. 753	9. 791	0. 067
Ph 113	66. 82	66. 91	0. 916	229. 596	8. 252	0. 055
Ph 117	40. 35	40. 44	0. 960	502. 208	8. 720	0. 059
Ph 118	69. 90	70. 00	0. 936	305. 641	8. 452	0. 057
Ph 132	71. 76	71. 79	0. 962	535. 015	9. 469	0. 066
Ph 141	51. 66	51. 73	0. 906	202. 474	7. 462	0. 052

（续）

无性系	实测值	K	R^2	F	a	b
Ph 142	49.34	49.39	0.929	273.801	9.001	0.060
Ph 145	76.04	76.18	0.937	313.655	8.300	0.055
Ph 151	78.24	78.28	0.944	352.763	9.337	0.064
Ph 152	78.03	78.11	0.934	297.623	9.499	0.062
Ph 153	87.96	88.00	0.961	520.586	10.347	0.069
Ph 155	62.12	62.18	0.972	760.576	9.415	0.065
Ph 156	78.20	78.26	0.967	607.919	9.370	0.065
Ph 158	42.61	42.63	0.914	221.721	8.129	0.058
Ph 170	66.22	66.28	0.937	310.186	8.277	0.058
Ph 176	49.24	49.31	0.922	244.261	7.340	0.053
Ph 180	63.49	63.55	0.937	308.073	7.782	0.056
Ph 184	69.52	69.66	0.955	446.539	9.079	0.059
Ph 186	73.14	73.22	0.954	430.950	8.085	0.058
Ph 192	48.20	48.23	0.962	536.907	8.671	0.063
Ph 194	45.99	46.00	0.887	166.615	9.884	0.066
LM50	69.92	70.04	0.954	434.857	7.858	0.056
最小值	34.74	34.76	0.887	/	/	/
最大值	92.84	93.02	0.972	/	/	/

2.2.3 毛白杨种内杂交无性系苗木年生长阶段划分

温室内的嫁接毛白杨苗高从 4 月中下旬开始生长，在 7 月中旬停止生长，其生长期约为 90 天。依据 t_1 和 t_2 将苗木的生长进程划分为三个时期，即：生长前期、速生期和生长后期。每个阶段的起始天数均从 1 月 1 日开始计算。50 个毛白杨种内杂交无性系速生始点 t_1 平均值为第 154 天（表 2-4），Ph 23 到达速生期的时间最早，只需要 144 天，而无性系 Ph 70 到达速生期的时间最晚，需要 166 天。t_2 平均时间为第 198 天，无性系 Ph 14 速生期结束最早，到第 188 天就停止速生，无性系 Ph 22 速生期结束时间最晚，可以达到第 213 天。50 个毛白杨种内杂交无性系速生期持续时间不同，平均持续时间为 44 天，其中无性系 Ph 57、Ph 60 和 Ph 184 速生期持续时间最短，只有 37 天，而 Ph 22 持续时间最长，可以达到 64 天。从速生期平均值来看，在速生期间，50 个毛白杨种内杂交无性系日平均生长量为 0.72 cm，速生期内生长最快的是无性系 Ph 109，生长速率可以达到每天 1.25cm，速生期内生长最慢的为无性系 Ph 47，日生长量只有 0.35 cm。从速生期生长量占总生长量比值上来看，毛白杨种内杂交无性系速生期内生长量占总生长量的平均比值为48.52 %，无性系 Ph 141 最小，只占33.14 %，无性系 Ph 103 最大，可达到65.13 %。

表2-4 毛白杨种内杂交无性系苗高年生长参数变化范围

无性系	速生期起点	速生期终点	速生点	速生期持续时间	速生期苗高总生长量	速生期苗高日均生长量	速生期生长量占总生长量比值
Ph 2	155	200	178	45	31.02	0.69	60.08
Ph 7	147	193	170	45	24.90	0.55	45.09
Ph 12	160	200	180	40	28.96	0.73	36.36
Ph 14	148	188	168	40	35.34	0.89	42.67
Ph 21	147	189	168	42	28.37	0.68	48.26
Ph 22	149	213	181	64	35.94	0.56	60.10
Ph 23	144	193	168	50	46.49	0.94	60.35
Ph 28	158	202	180	44	26.72	0.61	45.93
Ph 32	150	197	173	47	34.06	0.72	58.45
Ph 34	153	192	173	39	36.06	0.92	59.94
Ph 35	148	199	174	51	28.25	0.56	45.95
Ph 42	154	193	174	39	24.95	0.63	45.55
Ph 47	150	191	170	41	14.40	0.35	41.45
Ph 53	153	202	177	49	26.48	0.54	52.62
Ph 56	149	192	170	43	25.35	0.59	42.02
Ph 57	163	200	181	37	35.50	0.96	50.63
Ph 60	163	200	181	37	29.60	0.80	39.74
Ph 66	153	197	175	43	29.42	0.68	47.25
Ph 70	166	209	187	44	36.79	0.84	48.20
Ph 72	138	188	170	50	19.46	0.39	39.72
Ph 77	160	205	183	45	27.70	0.61	53.61
Ph 83	151	191	171	40	28.72	0.72	49.08
Ph 90	149	197	173	48	58.23	1.21	64.29
Ph 92	155	196	176	41	31.83	0.78	52.65
Ph 101	154	201	177	47	42.33	0.90	60.35
Ph 103	146	193	169	47	42.44	0.90	65.13
Ph 109	156	196	176	39	48.95	1.25	59.46

（续）

无性系	速生期起点	速生期终点	速生点	速生期持续时间	速生期苗高总生长量	速生期苗高日均生长量	速生期生长量占总生长量比值
Ph 111	151	191	171	40	39.50	0.98	42.55
Ph 112	151	196	173	46	36.51	0.80	56.44
Ph 113	156	203	179	48	33.72	0.71	50.46
Ph 117	161	206	183	44	17.04	0.38	42.23
Ph 118	156	202	179	46	34.52	0.74	49.38
Ph 132	148	195	171	47	40.98	0.87	57.11
Ph 141	162	203	183	41	17.12	0.42	33.14
Ph 142	162	202	182	40	20.75	0.52	42.06
Ph 145	153	193	173	40	26.22	0.66	34.48
Ph 151	146	191	168	45	45.91	1.02	58.68
Ph 152	153	192	172	39	40.89	1.05	52.40
Ph 153	156	203	180	47	57.13	1.20	64.95
Ph 155	156	194	175	38	24.01	0.63	38.65
Ph 156	153	195	174	42	41.10	0.97	52.56
Ph 158	162	205	183	43	18.67	0.44	43.82
Ph 170	154	194	174	40	31.37	0.78	47.37
Ph 176	155	196	175	41	18.60	0.45	37.77
Ph 180	158	203	180	46	23.96	0.52	37.74
Ph 184	160	197	178	37	24.05	0.65	34.59
Ph 186	154	198	176	43	29.38	0.68	40.17
Ph 192	160	198	179	38	18.04	0.48	37.43
Ph 194	161	201	181	40	27.60	0.68	60.01
LM50	154	200	177	46	26.00	0.56	37.19
平均值	154	198	176	44	31.43	0.72	48.52
最小值	144	188	168	37	14.40	0.35	33.14
最大值	166	213	187	64	58.23	1.25	65.13

2.2.4 苗高年生长量与极值的关系

极值 k 是苗高或地径年生长拟合的极限值，即理论上的最大值，极值 k 应该与苗高的年生长量相一致。对 50 个毛白杨种内杂交无性系苗高年生长极值与实测值进行比较，其结果如图 2－2 所示。毛白杨种内杂交无性系苗高年生长拟合极值与苗高年生长实测值呈极显著的正相关关系，相关系数为1。因此，可以用 k 值来代替毛白杨种内杂交无性系苗木年生长量的实测值，并可用 k 值作为苗期年生长量的选择与培育指标。

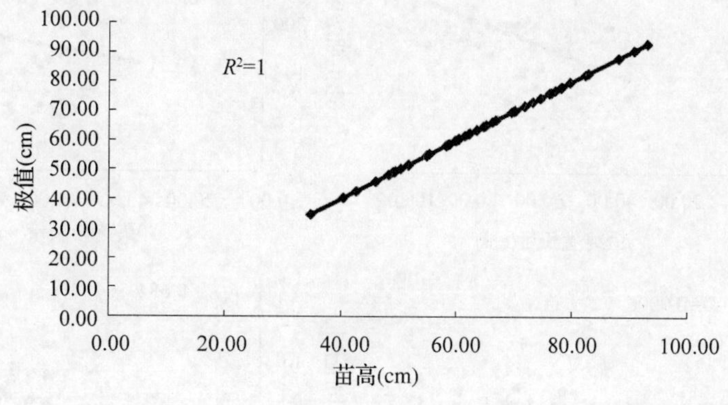

图 2－2　极值与苗高拟合图

2.2.5　速生期各参数与最终生长量的关系

苗木生长过程直接影响着苗木生长量的高低，而速生期始期、速生期结束期和速生期持续时间是苗木速生期的最主要指标。对毛白杨种内杂交无性系苗高最终生长量与苗木速生期各重要指标进行拟合，结果如图 2－3 所示。苗高最终生长量与速生期始期、结束期正相关，但是显著性不高，与速生期持续时间负相关，但方程判定系数只有 0.0006，与速生期内平均生长量达极显著正相关，方程判定系数达 0.6844。表明苗高生长进入速生期的时间越晚，速生期结束期晚，速生期内平均生长量越大，苗木的苗高生长量就越大。

2.2.6　无性系生长过程比较

以无性系 Ph 109，Ph 113，Ph 72 等 3 个无性系生长过程作图，具体如图 2－4 所示，无性系 Ph 109 最初生长较缓慢，第 156 天进入速生期，且第 196 天就达到速生期结束期，速生期时间只有 39 天，但是无性系 Ph 109 速生期苗高日生长量最大，达 1.25 cm，最终 Ph 109 苗高较高，达到 82.33 cm。无性系 Ph 113 最初生长也较缓慢，第 156 天进入速生期，但 Ph 113 速生期达 48 天，比无性系 Ph 109 多 9 天，可是 Ph 113 的速生期日苗高生长量只有 0.71 cm，较小，最终无性系 Ph 113 苗高只有 66.82 cm。3 个无性系中，无性系 Ph 72 最先进入速生期，第 138 就达到速生期，并且速生期持续的时间最长，达到 50 天，可是无性系 Ph 72 速生期内苗高日生长量只有 0.39 cm，结果导致无性系 Ph 72 最终苗高只有 48.99 cm。这个结果与 2.2.5 中速生期与苗高生长量负相关相吻合。从图 2－4 明显可以看出来不同无性系不仅最

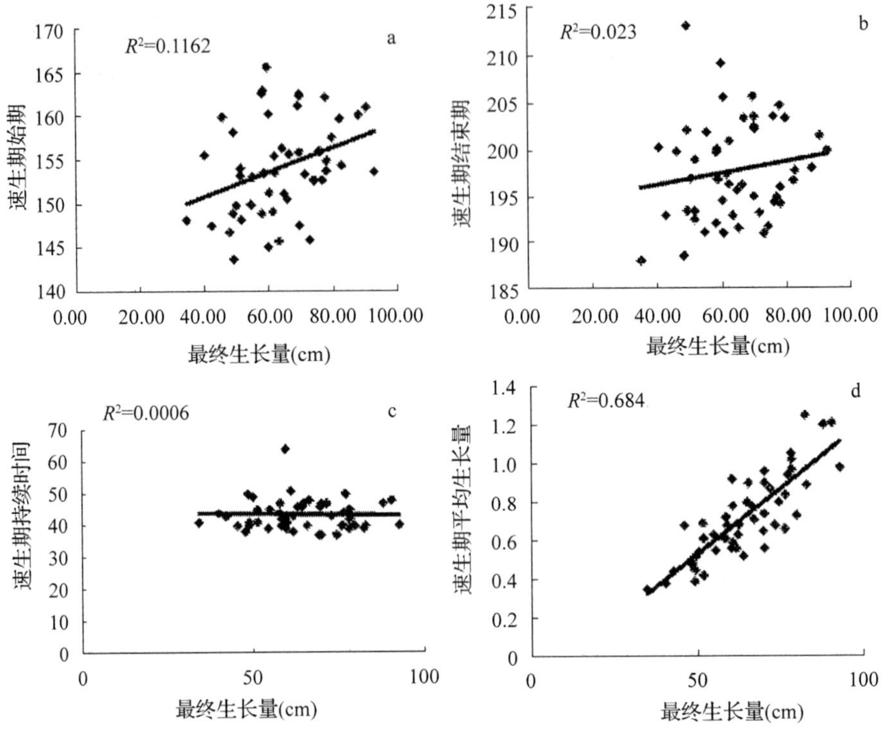

图 2－3　极值与平均生长量拟合图

终生长量差异较大，在生长过程中也有很大区别，无性系速生期长，最终生长量不一定高，无性系到达速生期早，最终生长量也不一定大，这主要与苗木本身的性质有关，具体原因还需要进一步分析。

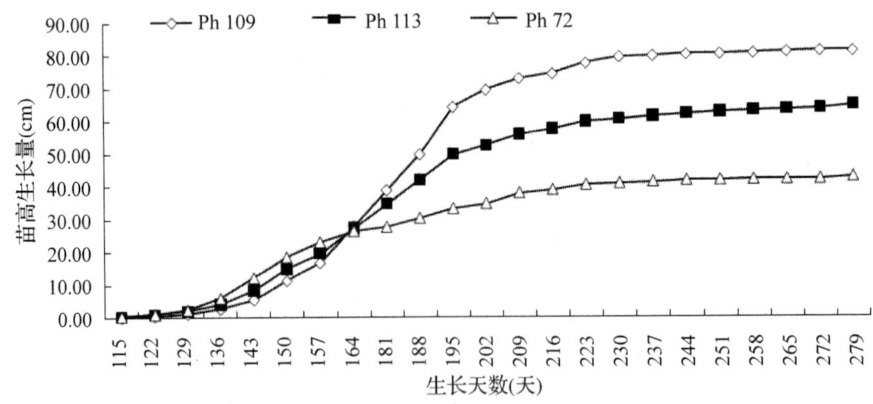

图 2－4　不同无性系生长过程对比图

2.3　结论与讨论

了解林木苗期生长过程，探索林木生长规律，可以通过对林木生长的状况来科学地预测和估计其动态发展趋势，研究林木生物量不仅可以掌握其生长发育规律，更有助于采用不同的培育措施，制定抚育管理方案，这样可以直接影响到收获年限以及经济效益等。特别对苗期苗木生长 Logistic 曲线进行一次、二次求导所确定的速生点及速生期，在无性系选择及管理上具有重要意义(秦光华，2004；Hannerz，1999；Magnussen，1993)。毛白杨种内杂交无性系苗期苗高年生长动态高度符合 S 型生长曲线，拟合的相关系数都达到 0. 880 以上，这与魏蕾(2009)对黑杨无性系进行 Logistic 拟合结果相同。

温室中的毛白杨种内杂交无性系平均速生起始点为第 154 天，速生期平均结束时间为第 198 天。无性系速生期平均持续时间为 44 天。时间较短，这与温室条件有关，温室中夏季温度过高，湿度过大，可能导致无性系提前封顶。从速生期植物日平均生长量来看，50 个毛白杨种内杂交无性系日平均生长量为 0. 72 cm，速生期内生长最快的是无性系 Ph 109，生长速率可以达到每天 1. 25 cm，速生期内生长最慢的无性系为无性系 Ph 47，日生长量只有 0. 35cm。这表明在相同环境条件下，不同基因型速生起止时间不同，速生时间段也不同，在速生期内无性系生长速度也不相同，最终导致无性系生长量不同。

白杨杂种无性系苗高年生长拟合极值与苗高年生长实测值呈极显著的正相关关系，相关系数为 1。因此，可以用 k 值来代替毛白杨种内杂交无性系苗木年生长量的实测值，并可用 k 值作为苗期年生长量的选择与培育指标。但是在苗高与不同 t_1，t_2，t_0相关性分析中发现，t_1，t_2与最终苗高生长量相关性不强，这一结论与傅大立(2001)对泡桐的研究结果不同，特别是速生期持续时间与苗高呈负相关，这主要是由于速生期起始时间早，温室内环境达不到要求，而持续时间长，生长速度却较慢而导致的结果。Hannerz (1999)，Magnussen(1993)等对黑杨的研究中发现黑杨无性系速生期生长量占年生长量的 58% 左右，本研究中毛白杨种内杂交无性系速生期苗高达到年总苗高生长量的 48. 52%，可能是由于温室条件与外界环境差异较大导致的结果。

通过以上分析可知，毛白杨种内杂交无性系在苗高性状上差异较大，且在生长过程中的一些生长参数也有较大的变异，这些变异导致最终无性系苗高生长结果不同。特别是苗期生长过程中的速生期，是无性系生长的最关键时期，在无性系栽培过程中，可以对速生期进行施肥和灌溉，会极大促进苗木生长。同时速生期内苗木日平均生长量与苗木总生长量相关性极高，可以作为无性系选择评价的一个重要指标。

第3章

毛白杨种内杂交无性系叶片性状变异分析

毛白杨属于杨树属白杨派，是我国特有的乡土树种，具有生长迅速、材质优良、树干高大通直等特性，主要分布在我国黄淮海流域约 100 万 km^2的范围内。在我国北方，尤其在黄河中下游林业生产和生态环境建设中占有重要地位。毛白杨为杂种起源，种内遗传变异丰富，种内诸多性状存在较大差异，特别是叶片变化更大。由于叶片是植物进行光合、蒸腾和呼吸作用的重要器官，叶片的形态、发育直接关系到植株的生长。很多育种专家对叶片的光合、蒸腾、呼吸和结构等进行了详细的分析(赵燕，2010)，但是对叶脉分布状况、叶片锯齿数量等研究则很少见报道，本章主要针对 50 个毛白杨无性系叶片性状进行测定分析，探讨叶片各性状与苗高、地径等生长性状之间的关系，为杨树无性系综合评价提供基础。

3.1 试验材料与方法

3.1.1 试验地点和试验材料

试验在北京林业大学温室内进行。试验材料包括 49 个毛白杨种内杂交无性系和 1 个父本无性系 LM50(表 3-1)，2011 年春季采用嫁接方式扩繁杂交子代，获得无性系苗后选择生长良好的 9 株进行试验。于 7 月 15 日对 50 个无性系的叶片进行采集，每个无性系采集 9 片叶片(9 株，每株采集第 5 片叶片)进行测定分析，叶片长度(*LL*)、宽度(*LW*)、叶柄长度(*LP*)用电子游标卡尺直接读数；利用相机对单叶面积进行拍照，利用 CAD 软件测定单叶面积(*LA*)；利用量角器测定叶片叶尖角(*LSA*)、叶基角(*LBA*)、左侧第一叶脉(*LLV*)与主叶脉夹角、右侧第一叶脉与主叶脉夹角(*LRV*)；对叶片边缘锯齿数量(*LSN*)直接进行读取。落叶后对无性系的苗高(*H*)和地径(*D*)进行测定，具体测定方法如图 3－1 所示。

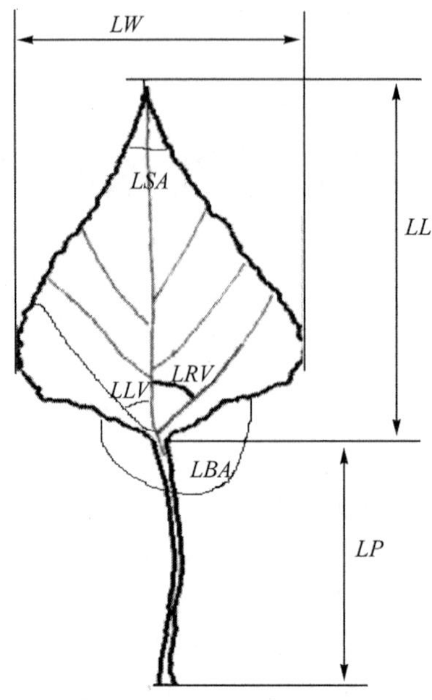

图 3－1　叶片各指标测定方法

3.1.2　统计分析方法

所有数据利用 SPSS 和 EXCEL 软件进行分析。叶片长度、叶片宽度、叶柄长度等直接进行方差分析，叶脉夹角、叶基角度、叶尖角度和锯齿数量等进行方根转换后分析。

3.2　结果与分析

3.2.1　毛白杨种内杂交无性系各性状遗传变异分析

毛白杨种内杂交无性系方差分析见表 3-1，无性系间各指标均存在极显著差异($P<0.01$)。表明无性系间苗高、地径和叶片性状均存在较大差异。

表 3-1　毛白杨种内杂交无性系苗高、地径及叶片性状方差分析表

性状	SS	df	MS	F
苗高(H)	72544.14	49	1480.49	14.54**
地径(D)	219.65	49	4.48	6.73**
叶长(LL)	81714.78	49	1667.65	22.73**
叶宽(LW)	82284.37	49	1679.27	18.78**
叶面积(LA)	177939.60	49	3631.42	21.30**

（续）

性状	SS	df	MS	F
长宽比(L/W)	2.88	49	0.059	6.80**
叶柄长(LP)	24250.37	49	494.91	14.05**
叶脉左夹角(LLV)	101.98	49	2.08	9.41**
叶脉右夹角(LRV)	107.61	49	2.20	8.58**
叶基角(LBA)	781.61	49	15.95	28.07**
叶尖角(LSA)	574.46	49	11.72	36.36**
锯齿数量(LSN)	457.06	49	9.33	19.69**

注：**表示0.01水平差异显著。

毛白杨种内杂交无性系苗高、地径及叶片性状遗传变异参数分析见表3-2，苗高平均值为64.47cm，苗高最小和最大的无性系分别为无性系Ph 117和无性系Ph 111，变化范围为40.35～92.84 cm，最大值是最小值的2.30倍；地径平均值为7.53 mm，变幅为5.83(Ph 158)～9.86 mm(Ph90)最大值为最小值的1.69倍；叶片长度平均值为9.43 cm，无性系Ph 111平均叶片长度最大，可达到13.51 cm，是叶片长度最小的无性系Ph 158(6.56 cm)的2.06倍；叶片宽度平均值为8.78 cm，无性系Ph 111平均叶片宽度最大，可达12.30 cm，是叶片宽度最小无性系Ph 158(6.13 cm)的2.01倍；单叶面积平均值为60.50 cm^2，最大值和最小值仍然分别为无性系Ph111和无性系Ph158，变化范围为30.74～117.96 cm^2，最大值是最小值的3.84倍；毛白杨种内杂交无性系叶片长度和宽度的平均比值为1.08，无性系Ph 113叶片长宽比最小，只有0.84，无性系Ph 34叶片长宽比最大，长度可达宽度的1.28倍；叶柄长度平均值为3.83 cm，无性系Ph 35叶柄长度最小，只有2.28 cm，无性系Ph 12叶柄长度最大，达到5.58 cm；左侧叶脉与主叶脉夹角平均值为44.00°，无性系Ph 22最小，只有29.68°，无性系Ph 118最大，可达到59.62°；右侧叶脉与主叶脉夹角平均值为44.28°，无性系Ph 2最小，只有29.42°，无性系Ph 170最大，可达到59.06°；叶基角平均值为53.52°，无性系Ph 42最小，只有35.46°，无性系Ph 22最大，可达到205.33°；叶尖角平均值为53.52°，无性系Ph 42最小，只有35.46°，无性系Ph 113最大，可达到123.59°；毛白杨杂种无性系锯齿数量平均值为59.95个，无性系Ph 2锯齿数量最少，只有31个，无性系Ph 23锯齿数量最多，达到97.78个，最大值是最小值的3.15倍。毛白杨种内杂交无性系苗高表型变异系数为59.68%，遗传变异系数为57.59%；地径表型变异系数为28.11%，遗传变异系数为25.94%；叶片长度、叶片宽度、叶面积、叶片长宽比和叶柄长度表型变异系数变化范围为22. 38% ~100. 36%，遗传变异系数变化范围为20. 67% ~97. 97%；侧叶脉与主叶脉夹角、叶尖角、叶基角和锯齿数量的变异系数和遗传变异系数均较低，不到10%。毛白杨种内杂交无性系各指标重复力均超过0. 850，高变异、高重复力有利于优良无性系的选择。

表3-2　毛白杨种内杂交无性系苗高、地径及叶片遗传变异参数分析表

性状	Mean	Min	Max	*CV*	*GCV*	*R*
苗高(*H*)	64. 47	40. 35	92. 84	59. 68	57. 59	0. 931
地径(*D*)	7. 53	5. 83	9. 86	28. 11	25. 94	0. 851
叶长(*LL*)	9. 43	6. 56	13. 51	43. 30	42. 34	0. 956
叶宽(*LW*)	8. 78	6. 13	12. 30	46. 65	45. 39	0. 947
叶面积(*LA*)	60. 05	30. 74	117. 96	100. 36	97. 97	0. 953
长宽比(*L/W*)	1. 08	0. 84	1. 28	22. 38	20. 67	0. 853
叶柄长(*LP*)	3. 83	2. 28	5. 58	58. 13	56. 03	0. 929
叶脉左夹角(*LLV*)	44. 00	29. 68	59. 02	3. 28	3. 10	0. 894
叶脉右夹角(*LRV*)	44. 28	29. 42	59. 06	3. 35	3. 15	0. 884
叶基角(*LBA*)	138. 67	70. 78	205. 33	2. 88	2. 83	0. 964
叶尖角(*LSA*)	53. 52	35. 46	123. 59	6. 40	6. 31	0. 973
锯齿数量(*LSN*)	59. 95	31	97. 78	5. 09	4. 96	0. 949

3. 2. 2　毛白杨种内杂交无性系各指标相关性分析

毛白杨种内杂交无性系各指标相关性分析见表3-3，苗高和地径极显著正相关，叶片长度、叶片宽度、叶面积和叶柄长度均与苗高极显著正相关；基部左侧叶脉与主叶脉夹角、基部右侧叶脉与主叶脉夹角、叶尖角度、边缘锯齿数量均与苗高极显著正相关；叶片长宽比与苗高显著负相关；叶片长度、宽度、叶面积、叶柄长度、叶片边缘锯齿数量与地径极显著正相关；叶片长度与叶片宽度、叶片长宽比、叶柄长度、基部左侧叶脉与主叶脉夹角、基部右侧叶脉与主叶脉夹角、叶尖角、边缘锯齿数量均极显著正相关，与叶基夹角极显著负相关；叶片宽度与叶面积、叶柄长度、叶尖角度、边缘锯齿数量极显著正相关，与叶片长宽比、叶基角极显著负相关；叶面积与基部左侧叶脉与主叶脉夹角、基部右侧叶脉与主叶脉夹角、叶尖角、边缘锯齿数极显著正相关，与叶片长宽比极显著负相关，与叶基夹角显著负相关；叶柄长度与叶尖角、叶边缘锯齿数量极显著正相关，与叶基角显著负相关；基部左

表 3-3　毛白杨种内杂交无性系各指标相关系数

性状	*D*	*LL*	*LW*	*LA*	*L/W*	*LP*	*LLV*	*LRV*	*LBA*	*LSA*	*LSN*
H	0.567**	0.460**	0.479**	0.449**	-0.108*	0.341**	0.104*	0.099*	-0.051	0.150**	0.245**
D		0.358**	0.370**	0.337**	-0.070	0.248**	0.108*	0.087	-0.109*	0.089	0.185**
LL			0.821**	0.812**	0.135**	0.602**	0.146**	0.160**	-0.158**	0.251**	0.283**
LW				0.841**	-0.443**	0.656**	0.180**	0.196**	-0.198**	0.299**	0.312**
LA					-0.174**	0.623**	0.167**	0.188**	-0.114*	0.272**	0.312**
L/W						-0.182**	-0.088	-0.092	0.114*	-0.099*	-0.130**
LP							-0.029	-0.003	-0.098*	0.296**	0.293**
LLV								0.773**	-0.580**	0.145**	0.146**
LRV									-0.553**	0.217**	0.175**
LBA										0.023	-0.331**
LSA											-0.037

注：**代表极显著正相关水平，*代表显著正相关水平。

侧叶脉与主叶脉夹角与基部右侧叶脉与主叶脉夹角极显著正相关；叶基角与边缘锯齿数量极显著负相关；叶尖角度与边缘锯齿数量负相关但未达到显著水平。

3.2.3　毛白杨种内杂交无性系苗高和地径回归方程构建

为了探讨叶片性状对苗高、地径的影响，进一步对叶片各指标进行回归分析，采用逐步引入剔除法，对苗高和胸径建立回归方程，模型的判定系数为 R^2，各个方程经过方差分析得到 F 值与 P 值，检验方程的线性关系，结果见表3-4，最先引入苗高方程的变量是叶片宽度，表明叶片宽度是影响苗高的主导因子。叶片长度、锯齿数量也引入了苗高方程中。回归方程判定系数 R^2 为0.625，Sig值小于0.001，表明苗高与叶片宽度、叶片长度、叶边缘锯齿数量有显著线性关系。最先引入地径的因子也是叶片宽度、叶片长度与叶片边缘锯齿数量也同时被引入地径回归方程中，判定系数为0.648，Sig值小于0.001，表明地径与叶片宽度、叶片长度、叶片边缘锯齿数量有显著线性关系。从结果可以看出来，苗高和地径方程中，被引入的变量均是叶片宽度、叶片长度和叶边缘锯齿数量，表明这三个指标在众多叶片指标中与苗高、地径关系最密切，从相关性分析中也明显表现出这种关系。叶片宽度在两个方程中均是最先被引入，表明叶片宽度与苗高、地径的关系更为紧密，影响更大。

表 3-4　苗高和地径的回归方程

性状	回归方程	判定系数	显著性参数
苗高(H)	$H=0.279LW+0.200LL+1.322LSN+10.962$	0.652	0.000
地径(D)	$D=0.026LW+1.012LL+0.066LSN+3.689$	0.648	0.000

3.2.4　毛白杨种内杂交无性系选择评价

在温室条件下毛白杨种内杂交无性系当年生苗木苗高平均值达到64.47cm，地径平均值达到7.53mm，各无性系具体苗高和地径见表3-5，以20%的入选率对苗高性状进行选择，入选的10个无性系分别为无性系Ph 111、Ph 90、Ph 153、Ph 14、Ph 109、Ph 12、Ph 151、Ph 156、Ph 152和Ph 23；入选无性系苗高平均值比亲本LM 50高20%，遗传增益为26.42 %；利用地径进行评价无性系，入选率为20 %，地径较大的10个无性系为Ph 66、Ph 155、Ph 35、Ph 92、Ph 56、Ph 34、Ph 22、Ph 21、Ph 83和Ph 32，入选无性系地径平均值比亲本LM 50高6 %，遗传增益为10.38 %。

表 3-5　各无性系苗高和地径多重比较

无性系	苗高	无性系	地径
Ph 111	92.84 a	Ph 90	9.36 a
Ph 90	90.58 ab	Ph 111	8.87 ab
Ph 153	87.96 abc	Ph 153	8.55 abc
Ph 14	82.83 abcd	Ph 12	8.42 abc
Ph 109	82.33 abcd	Ph 109	8.37 abc
Ph 12	79.64 abcde	Ph 151	8.23 abcd
Ph 151	78.24 abcdef	Ph 145	8.22 abcd
Ph 156	78.20 abcdef	Ph 14	8.21 abcde
Ph 152	78.03 abcdef	Ph 152	8.14 bcde
Ph 23	77.04 bcdefg	Ph 186	8.11 bcde
Ph 70	76.33 bcdefg	Ph 184	8.11 bcde
Ph 145	76.04 bcdefg	Ph 57	8.07 bcde
Ph 60	74.48 cdefgh	Ph 300	8.00 bcdef
Ph 186	73.14 cdefgh	Ph 132	8.00 bcdef
Ph 132	71.76 defghi	Ph 101	7.97 bcdef
Ph 101	70.14 defghi	Ph 28	7.96 bcdef
Ph 57	70.11 defghi	Ph 70	7.93 bcdefg
Ph 300	69.92 defghi	Ph 118	7.92 bcdefg

（续）

无性系	苗高	无性系	地径
Ph 118	69. 90 defghi	Ph 23	7. 79 bcdefgh
Ph 184	69. 52 defghi	Ph 34	7. 78 bcdefgh
Ph 113	66. 82 defghij	Ph 170	7. 75 bcdefgh
Ph 170	66. 22 defghijk	Ph 60	7. 68 bcdefgh
Ph 103	65. 16 efghijkl	Ph 156	7. 64 bcdefgh
Ph 112	64. 69 efghijkl	Ph 66	7. 57 bcdefgh
Ph 180	63. 49 efghijkl	Ph 7	7. 52 bcdefgh
Ph 66	62. 27 fghijklm	Ph 155	7. 48 bcdefgh
Ph 155	62. 12 fghijklm	Ph 113	7. 47 bcdefgh
Ph 35	61. 48 fghijklm	Ph 141	7. 40 cdefghi
Ph 92	60. 46 ghijklm	Ph 72	7. 37 cdefghi
Ph 56	60. 33 ghijklm	Ph 35	7. 35 cdefghi
Ph 34	60. 16 ghijklm	Ph 92	7. 34 cdefghi
Ph 22	59. 80 ghijklm	Ph 103	7. 30 cdefghi
Ph 21	58. 79 hijklmn	Ph 53	7. 30 cdefghi
Ph 83	58. 52 hijklmn	Ph 180	7. 25 cdefghi
Ph 32	58. 27 hijklmn	Ph 83	7. 23 cdefghi
Ph 28	58. 18 hijklmn	Ph 42	7. 22 cdefghi
Ph 7	55. 22 ijklmno	Ph 47	7. 19 cdefghi
Ph 42	54. 77 ijklmno	Ph 21	7. 15 cdefghi
Ph 77	51. 67 jklmno	Ph 77	7. 13 cdefghi
Ph 141	51. 66 jklmno	Ph 176	7. 09 cdefghi
Ph 2	51. 63 jklmno	Ph 112	6. 85 defghij
Ph 53	50. 32 jklmno	Ph 192	6. 84 defghij
Ph 142	49. 34 klmno	Ph 32	6. 76 defghij
Ph 176	49. 24 klmno	Ph 194	6. 71 efghij
Ph 72	48. 99 klmno	Ph 142	6. 57 fghij
Ph 192	48. 20 lmno	Ph 2	6. 56 fghij
Ph 47	47. 87 lmno	Ph 56	6. 49 ghij
Ph 194	45. 99 mno	Ph 22	6. 40 hij
Ph 158	42. 61 no	Ph 117	6. 06 ij
Ph 117	40. 35 o	Ph 158	5. 83 j

3.3 结论和讨论

叶片是树木重要的营养器官，许多生理学研究已经证明了叶片的大小、形态和结构等对林木生长量有重要的影响，并认为这些叶片的性状受到较强的遗传控制，因此叶片的形成、叶片的形状、叶面积的大小、叶脉的分布等也是遗传改良和早期选择研究的重要内容。育种专家郭从俭(1991)认为：叶片大小是一项可以遗传的性状，但是这种特性只有在特定的环境条件下才能成立。李金花等(2004)对美洲黑杨与不同种源青杨杂种苗叶片性状变异研究中发现子代叶片的种源间、种源内家系间和家系内无性系间变异大，表明父本青杨变异对杂交效应有影响，并且这种影响是可以遗传的。本研究中各叶片指标差异显著，叶片长度、叶片宽度、叶柄长度等表型变异和遗传变异均较大，同时重复力高，均在 0.85 以上，表明毛白杨种内杂交无性系叶片生长性状受较强的遗传因素控制，这与上述研究结果相近，也与李继东(2006)对毛白杨无性系叶片性状的研究结果相同。

张春霞等(2007)对欧洲黑杨与川杨和滇杨的杂交子代苗期叶片性状进行研究，发现子代叶片形态也处于 2 个亲本叶片性状之间。本研究中子代叶片各性状平均值与父本 LM 50 的叶片各性状平均值差异不大，但杂交子代无性系叶片变异较大，叶片长度最大值是最小值的 2. 06 倍，叶片宽度最大值是最小值的 2. 01 倍，叶面积最大值是最小值的 3. 84 倍，叶柄长度最大值是最小值的 2. 45 倍。这些均表明杂交子代变异大，为无性系评价选择提供可能。

何承忠等(2009)对 52 个滇杨无性系 6 个叶片性状进行测定分析，发现不同无性系间叶片性状存在一定的遗传差异，其中叶柄长度/叶长长度性状变异系数最大，而叶脉左/叶宽性状变异系数最小，叶柄长/叶长性状变异系数最大，而反映叶片形态的叶长/叶宽、叶尖角等性状的变异系数处于中间水平。本研究中叶片长度、宽度、叶柄长度等性状的变异系数较大，而叶尖角、叶基角、叶脉夹角等性状的变异系数则较小，表明这些性状变异小，遗传稳定。

本研究中苗高、地径与叶片长度、叶片宽度、叶面积和叶柄长度均显著正相关，叶片性状中叶片长度、宽度、叶面积、叶柄长度之间也存在显著正相关，进一步对苗高和地径进行回归分析发现叶片宽度、长度对无性系苗高和地径影响最大，以上研究结果均表明无性系在生长过程中各指标相互关联，这与李善文(2004)对杨树的研究，舒枭(2009)对厚朴的研究结果相同。

利用苗高对无性系进行选择，当入选率为20%时，初步选出10个优良无性系，入选无性系苗高平均值比亲本 *LM* 50 高 20 %，遗传增益为 26. 42%；利用地径对无性系进行评价，当入选率为20%，初步选出的10个优良无性系地径平均值比亲本 *LM* 50 高 6%，遗传增益为 10. 38 %。表明对无性系的选择具有较大的遗传增益，选择效果较好，对于入选无性系可以进行不同地点无性系对比试验林的营建，进一步分析无性系的遗传稳定性以及其他生长性状，进一步对无性系进行综合评价。

第4章

不同地点白杨杂种无性系联合分析

杨树是世界栽培面积最大、木材产量最高的速生阔叶树种，是我国工业、民用材的重要原料，也是水土保持林、防护林、绿化环境的主要树种（徐纬英，1988）。在我国三北防护林以及速生丰产林工程建设中起重要作用。基因型和环境互作日益受到遗传育种工作者的重视，通过育种方法选出优良无性系，首先要进行区域化试验来确定其适应性和适生范围。不同种和无性系对各种环境的适应性和生长表现不同（Fang et al，1999），这主要由于树木生长是基因型与环境相互作用的结果。立地选择一直是育种学家研究的工作热点，赵廷松等（2007）对核桃杂交新品种进行区域化试验，确定5个杂交新品种可以在鲁甸县栽培。黄鹏等（2006）通过调查国外李品种的丰产性、稳产性和果实品质，筛选出了10个适合河南省发展国外李优良品种。李春迤等（2008）通过对引进的18个日本栗进行多点试验，初选6个品种可以做为丹东地区栗树的优良品种。在杨树育种方面，李丕军等（2009）对银白杨和新疆杨的杂交无性系进行区域化栽培实验，确定了2个可以作为防护林、用材林、城市绿化的白杨派新品种。姜岳忠等（2006）利用遗传稳定性和生长适应性对4个地点的杨树无性系分析，找到不同栽培区生长快、稳定性强的无性系。本章主要介绍了对不同地点30个白杨杂种无性系连续4年的树高和胸径进行调查分析和比较研究，计算各性状的遗传参数，为白杨杂种无性系选择提供依据。

4.1 材料与方法

4.1.1 试验地概况

4.1.1.1 河北省邯郸市峰峰矿区苗圃（E1）

峰峰矿区苗圃位于河北省南端，邯郸市西南部。东经114°16′，北纬36°34′，地处晋、冀、豫三省交界地带，西侧为盆地，东侧是平原，最高海拔891m。全区属暖温带半湿润大陆性季风气候，四季分明，年平均气温

14.1℃，最冷月份平均气温 -2.3℃，最低气温 -19℃，最热月份平均气温 26.9℃，最高气温 42.5℃，年降水量均 627 mm，无霜期约 200d。

4.1.1.2　河北省邢台市威县苗圃(E2)

威县地处华北平原南部，属冀南低平原区，自然环境优越。境内地势平坦，土壤肥沃，地下水资源充裕。气候四季分明，为暖温带大陆性半干旱季风气候，年平均降水量 584mm，集中在夏末秋初。无霜期 198d，年平均温度 13℃，全年日照 2574.8h。

4.1.1.3　山东省聊城市冠县国有苗圃(E3)

冠县位于鲁西平原，翼、鲁、豫三省交界处。地理坐标为东经 115°16′，北纬 36°22′，海拔 36.5m。土壤构成大部分为通体沙，少量含有黏夹层，其质地为细沙或粉质沙。气候属温带季风大陆性半干旱气候，四季分明。冬季寒冷干燥，夏季炎热多雨，光照充足。年平均气温 13.6℃。年平均降水量 500mm，且多集中在 7、8 两个月份。年平均蒸发量为 2000mm，相对湿度 68%，无霜期平均 210d。

4.1.1.4　山东省泰安市宁阳县高桥林场(E4)

宁阳县位于鲁中偏西，泰安市南部。地理位置东经 116°36′，北纬 35°40′。宁阳属暖温带湿润季节性气候区，四季分明。年均气温 13.4℃，1 月份平均气温 -2.1℃，7 月份平均气温 26.8℃，最低气温为 -19℃，最高气温为 40.7℃。年日照时数 2679.3h，年无霜期 199d，平均降水量 689.6mm。

4.1.2　试验材料

试验材料是在本实验室 2000 年所做杂交试验获得杂种苗，经苗期试验后初选的 29 个白杨杂种无性系(表 4-1)，另加 1 个对照无性系(LM50)。于 2006 年春季用 1 年生苗木建立试验林，4 个试验林统一采用完全随机区组设计，4~6 株小区，一行排列，4 次重复，采用 3m×4m 株行距进行栽植。试验林周围设 2 行保护行。

4.1.3　数据调查和计算

4.1.3.1　4 个地点白杨杂种无性系树高、胸径、保存率调查

于 2006 年末对 E4 地点白杨杂种无性系进行树高、胸径测定。于 2007 年末对 E1、E2、E4 等 3 个试验林的幼树进行树高、胸径的测定。2008 年和 2009 年分别对 4 个试验林的现存幼树进行树高、胸径的测定，同时对无性系保存率进行调查。

4.1.3.2　4 个地点白杨杂种无性系材积计算

采用公式 $V=0.19328321D^2H+0.007734354DH+0.82141915D^2$($V$ 为材积；D 为胸径值；H 为树高)计算材积(方升佐，2004)。

4.1.4 统计分析方法

所有数据利用 SPSS(黄海等，2000)和 DPS(唐启义，2007)软件进行分析。其中百分率进行反正弦转换后计算。

根据续九如(2006)的方法估算无性系重复力 R。

$$R = 1 - 1/F$$

式中：F 为方差分析的 F 值。

表型变异系数

$$PCV = S/\bar{X} \times 100\%$$

式中：S 为表型标准差，$\bar{X}$ 为某一性状群体平均值。

遗传变异系数

$$GCV = \sqrt{\sigma_g^2} / \bar{X} \times 100\%$$

式中：σ_g^2 为遗传方差，$\bar{X}$ 为某一个性状的平均值。表型相关和遗传相关分别利用公式(续九如，2006)：

$$r_{p_{12}} = \frac{Cov_{p_{12}}}{\sqrt{\sigma_{p_1}^2 \cdot \sigma_{p_2}^2}}$$

$$r_{g_{12}} = \frac{Cov_{f_{12}}}{\sqrt{\sigma_{f_1}^2 \cdot \sigma_{f_2}^2}}$$

式中：$Cov_{p_{12}}$ 为 2 个性状的表型协方差，$\sigma_{p_1}^2$、$\sigma_{p_2}^2$ 分别为 2 个性状的表型方差，$Cov_{f_{12}}$ 为 2 个性状的遗传协方差，$\sigma_{f_1}^2$、$\sigma_{f_2}^2$ 分别为 2 个性状的遗传方差。

遗传增益估算：

$$\Delta G = RS/\bar{X}$$

式中：S 为选择差，R 为性状的广义重复力，$\bar{X}$ 为某一性状的群体平均值。

利用无性系与地点互作效应变异系数($_iCV$)进行遗传稳定性分析，用无性系材积与环境指数的回归系数(bi)进行生长适应性分析(顾万春，2004)。采用布雷金多性状综合评定法对无性系进行综合评定(解孝满等，2008)：

$$Qi = \sqrt{\sum_{j=1}^{n} ai}$$

$$a_i = X_{ij}/X_{j\max}$$

式中：Qi 为综合评价值，X_{ij} 某一性状的平均值，$X_{j\max}$ 为某一性状的最优值，n 为评价指标的个数。

表 4-1　杂交亲本及来源

No.	参试无性系	杂交组合	母本来源	父本来源
1	BL 20	(*P. alba* × *P. glandulosa*‘1’) × *P. bolleana*	山东冠县苗圃	中科院植物所
2	BL 22			
3	BL 23			
4	BL 26			
5	BL 28			
6	BL 30			
7	BL 42	(*P. tomentosa* × *P. bolleana*) × (*P. alba* × *P. glandulosa*‘84K’)	中国农业大学	陕西杨凌
8	BL 46			
9	BL 49			
10	BL 50			
11	BL 53			
12	BL 63	(*P. alba* × *P. tomentosa*) × *P. bolleana*	河北易县	中科院植物所
13	BL 64			
14	BL 67			
16	BL 69			
16	BL 76			
17	BL 77			
18	BL 78	(*P. tomentosa* × *P. bolleana*) × *P. tomentosa*‘LM50’	中国农业大学	山东冠县苗圃
19	BL 83			
20	BL 85	(*P. alba* × *P. glandulosa*) × *P. bolleana*	山东冠县苗圃	中科院植物所
21	BL 87			
22	BL 88			
23	BL 98	*P. alba* × *P. bolleana*	北京植物园	中科院植物所
24	BL 99			
25	BL 101			
26	BL 103	(*P. alba* × *P. bolleana*) × *P. bolleana*	吉林白城	中科院植物所
27	BL 104	(*P. tomentosa* × *P. bolleana*) × *P. tomentosa*‘LM50’	中国农业大学	山东冠县苗圃
28	BL 106	(*P. tomentosa* × *P. bolleana*) × *P. tomentosa*‘3’	中国农业大学	山东冠县苗圃
29	BL 107			
30	LM 50	选种无性系 *P. tomentosa*‘LM50’	对照无性系	

4.2 结果分析

4.2.1 不同试验地点白杨杂种无性系保存率分析

不同地点白杨杂种无性系保存率见表 4-2，白杨杂种无性系总保存率为 79.44%，其中无性系 BL69 和 BL104 总保存率最高，可达 98.33%，无性系 BL77 保存率最低，只有 36.67%。不同试验点无性系保存率不同，E1 试验点 30 个白杨杂种无性系平均保存率最高，可达 91.67%，其中无性系 BL28、BL30、BL50、BL64、BL67、BL69、BL76、BL78、BL83、BL87、BL88、BL104 和 BL106 的保存率为 100%。保存率最低的为无性系 BL46，也达到 68.75%。E2 试验点平均保存率最低，只有 66.39%。无性系 BL50、BL69 和 BL104 保存率最高为 100%，最低为无性系 BL77，只有 16.67%。E3 试验点平均保存率为 83.54%，无性系 BL49、BL63、BL76、BL104 和 LM50 保存率均达 100%，无性系 BL77 最低，只有 12.50%。E4 试验点平均保存率为 72.92%，无性系 BL26、BL28、BL69、BL83、BL106 和 LM50 保存率达 100%，无性系 BL63 和 BL77 保存率最低，只有 18.75%。4 个地点白杨杂种无性系保存率方差分析见表 4-3，无性系保存率在地点间、无性系间、地点与无性系间的交互作用均呈极显著差异。

表 4-2　4 个地点白杨杂种无性系保存率

无性系	平均保存率(%)	E1 保存率(%)	E2 保存率(%)	E3 保存率(%)	E4 保存率(%)
BL20	60.00 ±24.64	75.00	33.33	68.75	56.25
BL22	75.00 ±25.00	81.25	58.33	93.75	62.50
BL23	80.00 ±19.36	93.75	75.00	81.25	68.75
BL26	88.33 ±20.85	93.75	58.33	93.75	100.00
BL28	90.00 ±20.70	100.00	66.67	87.50	100.00
BL30	83.33 ±24.40	100.00	58.33	87.50	81.25
BL42	75.00 ±18.90	81.25	66.67	87.50	62.50
BL46	65.00 ±33.81	68.75	50.00	68.75	68.75
BL49	90.00 ±15.81	93.75	91.67	100.00	75.00
BL50	95.00 ±10.35	100.00	100.00	87.50	93.75
BL53	68.33 ±29.07	87.50	58.33	87.50	37.50
BL63	68.33 ±40.61	87.50	66.67	100.00	18.75
BL64	93.33 ±14.84	100.00	83.33	93.75	93.75

（续）

无性系	平均保存率(%)	E1 保存率(%)	E2 保存率(%)	E3 保存率(%)	E4 保存率(%)
BL67	83.33 ±24.40	100.00	83.33	93.75	56.25
BL69	98.33 ±6.45	100.00	100.00	93.75	100.00
BL76	80.00 ±28.66	100.00	33.33	100.00	75.00
BL77	36.67 ±39.94	93.75	16.67	12.50	18.75
BL78	80.00 ±23.53	100.00	50.00	93.75	68.75
BL83	93.33 ±19.97	100.00	91.67	81.25	100.00
BL85	76.67 ±24.03	87.50	50.00	93.75	68.75
BL87	75.00 ±28.35	100.00	33.33	93.75	62.50
BL88	90.00 ±15.81	100.00	75.00	93.75	87.50
BL98	65.00 ±33.81	75.00	50.00	87.50	43.75
BL99	73.33 ±32.00	93.75	66.67	56.25	75.00
BL101	81.67 ±19.97	68.75	91.67	87.50	81.25
BL103	58.33 ±33.63	81.25	58.33	31.25	62.50
BL104	98.33 ±6.45	100.00	100.00	100.00	93.75
LM50	93.33 ±14.84	93.75	75.00	100.00	100.00
BL106	95.00 ±10.35	100.00	91.67	87.50	100.00
BL107	73.33 ±27.49	93.75	58.33	62.50	75.00
平均保存率	79.44	91.67	66.39	83.54	72.92

表4-3 不同地点间白杨杂种无性系保存率方差分析

变异来源	*SS*	*df*	*MS*	*F*
地点	14.648	3	4.883	31.478**
无性系	29.059	29	1.002	6.460**
地点×无性系	24.738	87	.284	1.833**
机误	51.187	330	.155	
总计	693.173	450		

注：*表示0.05水平差异显著，**表示0.01水平差异显著，下同。

4.2.2 不同地点白杨杂种无性系树高、胸径、材积方差分析

不同树龄白杨杂种无性系树高、胸径和材积方差分析见表4-4，白杨杂种无性系在2年树龄时，调查了3个地点（E1、E2和E4）的树高、胸径和材积。3年和4年树龄调查的对象均是4个地点的无性系，各指标在地点间、

表 4-4　白杨杂种无性系树高、胸径、材积方差分析

树龄	变异来源	df	树高		胸径		材积	
			MS	F	MS	F	MS	F
2	地点	2	199.35	221.20**	228.82	226.66**	0.05	207.12**
	无性系	29	22.05	24.47**	28.44	28.17**	0.01	28.42**
	地点×无性系	58	3.52	3.90**	3.15	3.12**	0.00	4.80**
	机误	1010	0.90		1.01		0.00	
3	地点	3	251.62	403.88**	166.84	164.06**	0.18	255.60**
	无性系	29	49.07	78.77**	78.11	76.81**	0.06	79.19**
	地点×无性系	86	2.87	4.61**	4.96	4.88**	0.01	8.10**
	机误	1291	0.62		1.02		0.00	
4	地点	3	395.36	460.62**	157.53	108.60**	0.42	189.07**
	无性系	29	75.83	88.34**	136.30	93.96**	0.23	103.98**
	地点×无性系	86	4.36	5.08**	7.23	4.98**	0.02	6.80**
	机误	1291	0.86		1.45		0.00	

无性系间和无性系与地点的交互作用间差异也均达极显著(0.01)水平。

4.2.3　不同试验地点白杨杂种无性系树高、胸径、材积变异参数

不同树龄、不同地点30个白杨杂种无性系树高、胸径和材积的变异参数见表4-5，4个地点4年生白杨杂种无性系树高平均值为6.84(E4)~9.15m(E2)。4年生胸径平均值变化范围为8.23(E4)~9.53cm(E1)，材积变化范围为0.1014(E4)~0.1776m^3(E1)。E1、E3和E4试验点无性系的树高、胸径和材积的表型变异系数、遗传变异系数均随着树龄的增加而增大，且遗传变异系数占表型变异系数的比例随着树龄的增大而增加。表明随着树龄的增长，白杨杂种无性系变异增大，但这种变异主要由遗传因素控制。E2试验点树高、胸径和材积的表型变异系数随着树龄的增大而减小，而遗传变异系数随着树龄的增加而增大，且遗传变异占表型变异的比重逐渐增大。可能由于最初栽植时E2地点环境对苗木影响较大，随着植株增长，遗传因子起主要作用，变异主要由遗传因素引起。从表4-5还可以看出，材积的变异系数比树高、胸径大。总的来说4年生树高表型变异系数为19.84%(E1)~22.32%(E4)，遗传变异系数为14.65%(E2)~18.69%(E4)。4年生胸径表型变异系数21.66(E3)~27.59(E1)，遗传变异系数为17.65(E3)~26.75(E1)。4年生材积表型变异系数为57.14%(E3)~69.04%(E4)，遗传变异系数为47.72%(E3)~62.59%(E1)。随着植株增长，环境对树高、胸径和材

积的影响逐渐降低。无性系树高、胸径和材积的变异系数高有利于无性系选择。

表 4-5　30 个白杨杂种无性系树高、胸径、材积变异参数分析

地点	树龄	性状	Mean	*PCV*（%）	*GCV*（%）	地点	Mean	*PCV*（%）	*GCV*（%）
峰峰（E1）	2	树高	6. 44	23. 01	16. 35	威县（E2）	5. 21	27. 39	14. 43
	3		7. 62	19. 66	16. 60		6. 97	22. 93	14. 43
	4		8. 99	19. 84	18. 45		9. 15	19. 82	14. 65
	2	胸径	5. 76	23. 01	17. 06		4. 14	38. 69	19. 05
	3		7. 88	26. 53	22. 80		7. 03	27. 51	16. 48
	4		9. 53	27. 59	26. 75		8. 73	25. 32	18. 04
	2	材积	0. 0450	59. 30	50. 12		0. 0224	96. 25	49. 91
	3		0. 1020	64. 00	61. 07		0. 0752	71. 60	47. 53
	4		0. 1776	65. 21	62. 59		0. 1485	66. 05	49. 34
冠县（E3）	2	树高	–	–	–	宁阳（E4）	5. 14	16. 41	10. 52
	3		6. 80	19. 34	15. 04		5. 67	20. 50	14. 71
	4		8. 16	20. 36	17. 47		6. 84	22. 32	18. 69
	2	胸径	–	–	–		5. 03	24. 59	17. 02
	3		7. 04	19. 08	14. 33		6. 36	26. 94	19. 30
	4		8. 79	21. 66	17. 65		8. 23	27. 03	22. 34
	2	材积	–	–	–		0. 0271	57. 11	45. 61
	3		0. 0687	52. 26	42. 67		0. 0495	63. 78	53. 77
	4		0. 1304	57. 14	47. 72		0. 1014	69. 04	57. 48

4. 2. 4　不同试验地点白杨杂种无性系树高、胸径、材积重复力分析

不同树龄白杨杂种无性系树高、胸径和材积的重复力见表 4-6，不同时间、不同地点的树高、胸径和材积的重复力变化范围为 0. 7606 ~ 0. 9902。从不同地点上看，E2 地点重复力比其它 3 个地点重复力稍低，表明 E2 地点 3 个性状受环境影响较大。从不同时间来看，重复力随着树龄的增大而增大，表明随着植株的生长，无性系各性状越来越稳定。从性状上来看，不同性状差别不大，表明各性状均受到较强遗传控制。

表 4-6 白杨杂种无性系树高、胸径、材积不同年份重复力

性状	地点	树龄(years)	*R*	性状	*R*	性状	*R*
树高	E1	2	0.9472	胸径	0.9564	材积	0.9537
		3	0.9826		0.9855		0.9856
		4	0.9838		0.9902		0.9887
	E2	2	0.7922		0.7606		0.7848
		3	0.8650		0.8439		0.8488
		4	0.9024		0.8887		0.9065
	E3	2	–		–		–
		3	0.9691		0.9584		0.9592
		4	0.9704		0.9634		0.9636
	E4	2	0.9307		0.9497		0.9495
		3	0.9592		0.9588		0.9630
		4	0.9654		0.9625		0.9642

4.2.5 白杨杂种无性系树高、胸径和材积的相关性分析

对宁阳 30 个白杨杂种无性系树高、胸径和材积进行相关性分析，结果见表 4-7，树高与胸径表型相关系数范围为 0.7530(1 年生)~0.9016(4 年生)，遗传相关系数范围为 0.7528(1 年生)~0.9086(4 年生)。树高与材积表型相关系数和遗传相关系数分别为 0.8271(1 年生)~0.9167(4 年生)和 0.8351(1 年生)~0.9244(4 年生)。可以看出随着树龄的增长，树高与胸径、树高与材积等性状的相关系数逐渐增高。1 年生苗木树高与 4 年生苗木树高表型相关系数达 0.4131，3 年生树高与 4 年生树高表型相关系数达 0.9680。1 年生胸径与 4 年生胸径表型相关系数达 0.8075，3 年生胸径与 4 年生胸径表型相关系数达 0.9838。1 年生树高与 4 年生材积相关系数达 0.4042，3 年生树高与 4 年生材积相关系数达到 0.8700，均属高相关系数。造林 1 年生胸径与 4 年生材积相关系数为 0.7032，3 年生胸径与 4 年生材积相关系数为 0.9152。遗传相关与表型相关强度趋势一致，且遗传相关系数均高于表型相关系数，表明树高、胸径和材积等性状主要由遗传因素所决定。为各性状早期选择提供科学依据。

表4-7　E4试验点白杨杂种无性系不同年份生长量指标表型相关系数(右上部分)和遗传相关(左下部分)系数

性状		树高				胸径				材积			
		1年生	2年生	3年生	4年生	1年生	2年生	3年生	4年生	1年生	2年生	3年生	4年生
树高	1年生	1	0.6773**	0.5486**	0.4131**	0.753**	0.5246**	0.5003**	0.4572**	0.8271**	0.5559**	0.4793**	0.4042**
	2年生	0.7657**	1	0.9374**	0.8610**	0.6868**	0.7815**	0.7611**	0.7517**	0.6949**	0.8366**	0.8062**	0.7692**
	3年生	0.6100**	0.9825**	1	0.9680**	0.7065**	0.8684**	0.8599**	0.8758**	0.6716**	0.8855**	0.886**	0.8700**
	4年生	0.4899**	0.908**	0.9885**	1	0.6512**	0.8601**	0.8660**	0.9016**	0.6017**	0.8814**	0.9038**	0.9167**
胸径	1年生	0.7528**	0.7349**	0.7415**	0.7103**	1	0.8609**	0.8541**	0.8075**	0.9740**	0.8277**	0.778**	0.7032**
	2年生	0.6018**	0.7882**	0.9022**	0.8838**	0.9189**	1	0.9887**	0.9676**	0.8199**	0.9684**	0.9477**	0.9023**
	3年生	0.5856**	0.7985**	0.8679**	0.8817**	0.9198**	0.9999**	1	0.9838**	0.8098**	0.9597**	0.9567**	0.9152**
	4年生	0.5652**	0.7895**	0.8926**	0.9086**	0.8841**	0.9925**	0.9979**	1	0.7603**	0.9512**	0.9640**	0.9524**
材积	1年生	0.8351**	0.7445**	0.7085**	0.6581**	0.9833**	0.8794**	0.8844**	0.8393**	1	0.8126**	0.7594**	0.6783**
	2年生	0.627**	0.8451**	0.9208**	0.9128**	0.8809**	0.9719**	0.9969**	0.9822**	0.8624**	1	0.9851**	0.9543**
	3年生	0.5485**	0.8382**	0.8909**	0.9191**	0.8281**	0.971**	0.9603**	0.9756**	0.8151**	0.9999**	1	0.9831**
	4年生	0.4823**	0.8055**	0.886**	0.9244**	0.7603**	0.9204**	0.9274**	0.9543**	0.7383**	0.9783**	0.9918**	1

注:** 表示0.01水平显著相关,*表示0.05水平显著相关,下同。

4.2.6 白杨杂种无性系稳定性评价

本研究中方差分析(表4-4)表明不同地点间无性系材积差异达显著水平，在方差分析的基础上，进一步对4年生无性系材积进行多重比较，对无性系的遗传稳定性和生长适应性进行评价，具体评价见表4-8，材积生长量表明无性系的产量水平，结果表明无性系BL106、BL107、LM50、BL104、BL46和BL78材积最大，产量最大，无性系BL63、BL77、BL67、BL76、BL99和BL88单株材积最小。

遗传稳定性是指受遗传控制的产量性状在多变环境范围内的稳定程度，可用无性系×地点互作效应方差的变异系数$_{i}CV$表示(姜岳忠等，2006)，$_{i}CV$值越小，该无性系生长越稳定。无性系BL28和无性系BL103$_{i}CV$低于10%，是较稳定无性系，无性系LM50、BL46、BL78、BL49、BL83、BL50、BL23、BL30、BL87、BL98、BL69和BL101$_{i}CV$处于10%~20%间，稳定性次之，无性系BL99、BL76、BL67、BL77和BL63$_{i}CV$超过50%，稳定性较差。

利用无性系生长量与环境指数的回归系数bi值评价无性系生长适应性，$bi=1$，表示该无性系具有平均适应效应，对栽培环境无特殊要求。$bi>1$，表示无性系适应性低于平均值，在较好的环境条件下才能表现优良。$bi<1$，表示无性系对环境要求不高，可以在较差的环境条件下进行栽培。由表4-8可见，无性系BL104、BL42、BL49、BL26、BL23、BL28、BL87、BL98、BL20、BL101、BL22、BL103、BL88和BL76回归系数bi值在0.8~1.3之间，具有平均适应性，无性系BL63、BL77、BL67、BL99、BL53、BL64、BL50和BL46回归系数bi值较低，高于平均适应性，BL106、BL107、LM50和BL78回归系数bi值较高，低于平均适应性。

为了进一步了解各白杨杂种无性系在具体环境的适应情况，在进行稳定性和适应性分析的基础上，还确定了供试无性系的适宜种植范围，从表4-8可知，无性系BL28、BL87、BL69、BL101和BL103具有广泛适应性，在4个地点栽培差异不大。无性系BL106、BL104、BL20和BL88对E1地点有特殊适应性。无性系BL42、BL23、BL67和BL77对E2地点有特殊适应性。无性系BL46、BL85、BL98和BL64对E3地点有特殊适应性。无性系BL52和BL22对E4地点有特殊适应性。无性系BL107、LM50、BL78、BL83和BL30对E1和E2地点有特殊适应性。无性系BL49对E1和E4地点有特殊适应性。无性系BL26对E1和E3地点有特殊适应性。无性系BL50、BL76和BL63对E3和E4地点有特殊适应性。无性系BL99对E2和E3地点有特殊适应性。

表4-8 4个地点白杨杂种无性系单株材积多重比较及稳定性和适应性参数

无性系	材积(m³)	变异系数 $_iCV(\%)$	回归系数 bi	适应地点
BL 106	0.3152A	24.05	2.6833	E1
BL 107	0.3097 A	25.63	2.6163	E1, E2
LM 50	0.2486 B	14.45	1.8386	E1, E2
BL 104	0.2420 B	18.95	1.2999	E1
BL 46	0.2091 BC	12.67	0.4626	E3
BL 78	0.1879 CD	15.34	1.7534	E1, E2
BL 42	0.1839 CDE	25.94	1.0888	E2
BL 49	0.1671 CDEF	19.58	1.0406	E1, E4
BL 83	0.1631 CDEF	16.99	1.7265	E1, E2
BL 26	0.1527 DEFG	28.92	1.0502	E1, E3
BL 50	0.1510 DEFGH	18.01	0.3117	E3, E4
BL 23	0.1374 EFGHI	15.31	1.2517	E2
BL 30	0.1323 FGHIJ	12.47	1.4566	E1, E2
BL 85	0.1293 FGHIJK	21.24	0.7816	E3
BL 28	0.1214 FGHIJKL	3.22	0.974	E1 - E4
BL 87	0.1069 GHIJKLM	11.99	0.8693	E1 - E4
BL 98	0.1059 HIJKLM	14.15	1.2764	E3
BL 20	0.0990 IJKLMN	23.87	1.217	E1
BL 64	0.0944 IJKLMN	27.77	0.5004	E3
BL 53	0.0943 IJKLMN	22.93	0.3866	E4
BL 69	0.0917 IJKLMN	11.56	0.7167	E1 - E4
BL 101	0.0885 JKLMN	12.67	0.865	E1 - E4
BL 22	0.0868 JKLMN	36.76	0.1239	E4
BL 103	0.0855 KLMN	9.92	1.1476	E1 - E4
BL 88	0.0803 LMNO	29.02	1.2844	E1
BL 99	0.0637 MNOP	55.77	0.2439	E2, E3
BL 76	0.0603 MNOP	59.84	0.1009	E3, E4
BL 67	0.0550 NOP	59.57	0.4779	E2
BL 77	0.0376 OP	83.29	0.4873	E2
BL 63	0.0283 P	135.64	0.0332	E3, E4

4.2.7 白杨杂种无性系遗传增益估算

造林4a后(2009)白杨杂种无性系树高、胸径和材积的遗传增益如图

4－1(a－c)所示，随着入选率增大，遗传增益降低。不同入选率条件下，E4 树高遗传增益一直处于最大值，其次是 E3 和 E1，E2 遗传增益最小。当入选率为 10%，E1 胸径遗传增益最高(43.89%)，其次是 E4(41.55%)。当入选率为 20%，E4 胸径遗传增益(35.16%)高于 E1(32.47%)。入选率为 10%，E4 和 E1 材积遗传增益分别为 133.66% 和 130.60%，显著高于 E2(100.02%)和 E3(93.40%)，入选率为 20%，4 个地点材积遗传增益 E4(100.50%)>E1(89.97%)>E2(85.31%)>E3(76.83%)。E4 地点白杨杂种无性系造林后 1～4a 树高、胸径和材积遗传增益如图 4－1(d－f)所示。随着苗木的增长，树高、胸径和材积相同入选率条件下遗传增益明显增加，4a(2009)无性系树高遗传增益为 36.59%，3a 树高遗传增益为 31.21%，当年秋天测定树高遗传增益只有 12.84%。胸径和材积的变化趋势与树高相同，随着树龄的增长，遗传增益明显增高。

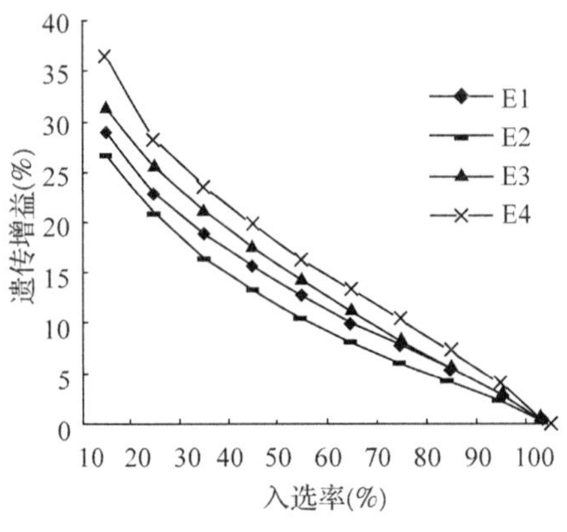

a. 4 个地点无性系树高遗传增益

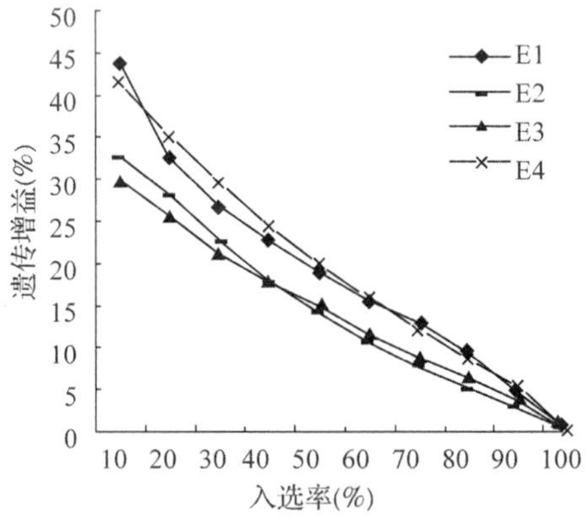

b. 4 个地点无性系胸径遗传增益

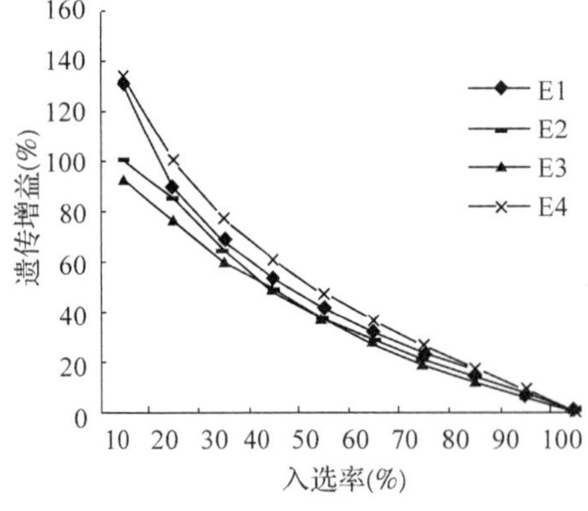

c. 4 个地点无性系材积遗传增益

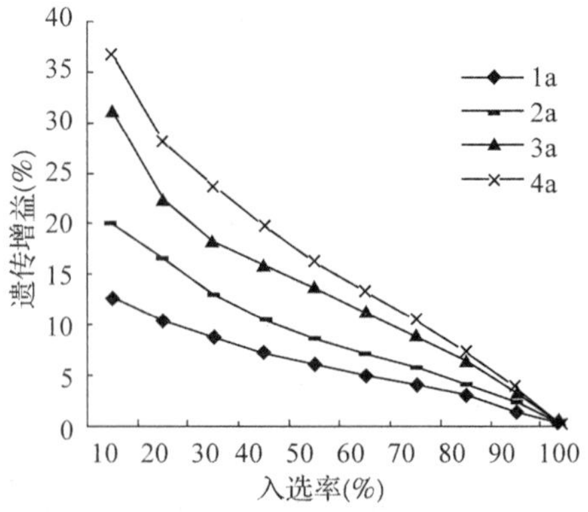

d. 不同年份无性系树高遗传增益

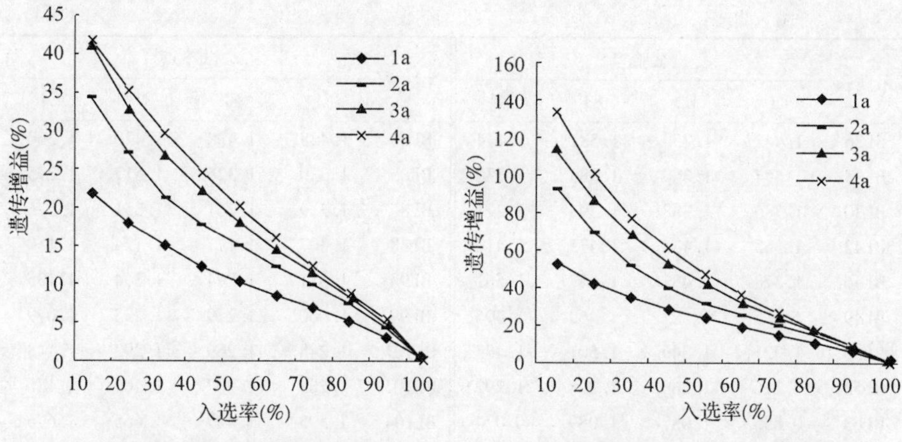

e. 不同年份无性系胸径遗传增益　　f. 不同年份无性系材积遗传增益

图 4-1　白杨杂种无性系遗传增益

（注：a-c，2009 年 4 个地点树高、胸径和材积遗传增益；d-f，为 E4 点不同年份树高、胸径和材积遗传增益）

4.2.8　不同地点白杨杂种无性系树高、胸径和材积的综合评价

利用树高、胸径、材积等 3 个生长量指标，经过布雷金多性状综合评定法对无性系进行综合评价，*Qi* 值结果见表 4-9，利用 *Qi* 值按 20% 入选率进行无性系选择，4 个地点入选无性系不同。E1 入选无性系分别为 BL106、BL107、BL104、LM50、BL78 和 BL49，6 个无性系的树高、胸径和材积遗传增益分别为 22.65%、32.63% 和 91.78%。E2 入选无性系分别为 BL107、LM50、BL106、BL104、BL78 和 BL46，入选无性系树高、胸径和材积的遗传增益分别为 17.33%、27.56% 和 83.42%。E3 入选无性系分别为 BL106、BL104、LM50、BL46、BL107 和 BL26，树高、胸径和材积的遗传增益分别为 22.94%、24.29% 和 75.50%　。E4 无性系 BL107、BL106、BL104、BL46、LM50、BL49 入选，树高、胸径和材积的遗传增益分别为 27.58%、36.51% 和 105.53%。

表 4-9　4 个试验点白杨无性系综合评定 *Qi* 值

无性系	试验点				无性系	试验点			
	E1	E2	E3	E4		E1	E2	E3	E4
BL20	1.338	1.202	1.323	1.205	BL76	1.080	1.143	1.279	1.138
BL22	1.198	1.202	1.266	1.351	BL77	0.966	1.214	1.010	0.814
BL23	1.358	1.393	1.320	1.335	BL78	1.489	1.498	1.502	1.427

（续）

无性系	试验点				无性系	试验点			
	E1	E2	E3	E4		E1	E2	E3	E4
BL26	1.442	1.250	1.531	1.444	BL83	1.448	1.438	1.420	1.360
BL28	1.354	1.360	1.383	1.330	BL85	1.320	1.326	1.517	1.295
BL30	1.386	1.388	1.396	1.271	BL87	1.319	1.261	1.351	1.276
BL42	1.365	1.475	1.475	1.410	BL88	1.307	1.177	1.124	1.150
BL46	1.378	1.487	1.617	1.561	BL98	1.311	1.294	1.364	1.135
BL49	1.455	1.327	1.469	1.496	BL99	1.060	1.239	1.233	1.079
BL50	1.321	1.349	1.501	1.473	BL101	1.248	1.269	1.292	1.148
BL53	1.216	1.260	1.298	1.292	BL103	1.283	1.207	1.209	1.136
BL63	0.855	1.057	1.089	0.974	BL104	1.595	1.487	1.665	1.675
BL64	1.237	1.285	1.412	1.230	LM50	1.546	1.626	1.660	1.543
BL67	1.062	1.267	1.171	0.965	BL106	1.732	1.615	1.730	1.721
BL69	1.272	1.243	1.279	1.255	BL107	1.686	1.732	1.587	1.724

4.3 讨论

树种保存率是体现苗木内在生活力与环境抵抗力的指标（王宗银等，2009）。树种繁殖传播到一个新的地域生长主要受树种的生物学特性、生态学特性、生长环境适应性等因素影响。本研究中 4 个地点保存率差异显著，峰峰保存率最高，达到 91.67%，威县保存率只有 66.39%。不同无性系在不同地点保存率不同，无性系 BL77 在峰峰保存率（93.75%）较高，在其它地点非常低，只有 12.50%~18.75%，表明 BL77 保存率在不同地点不稳定。无性系 BL104 在 4 个地点的平均保存率为 98.33%，表明无性系 BL104 对不同地点适应性强，死亡率低。

白杨杂种无性系树高、胸径和材积等指标表型变异系数和遗传变异系数逐年升高，且遗传变异系数占表型变异系数的比重也逐年增大，表明随着植株增长，无性系间各指标变异程度逐渐增大，这种变异主要由遗传因素导致。随着树龄增长，4 年生白杨杂种无性系树高、胸径和材积的重复力处于 0.8887~0.9902 之间，属于高重复力。这些与 Lambeth 等（1994）对 460 个 3a 生巨桉无性系估算的树高重复力为 0.79，胸径为 0.88，何贵平等（1997）对 4a 生杉木无性系估算的树高重复力为 0.79，胸径重复力为 0.78 的结果接近。高变异、高重复力有利于无性系选择。

性状年—年相关强度是判断早期选择是否可行的重要参数（马常耕等，

2000），马常耕对杉木无性系进行遗传参数计算中提出杉木适宜选择的年龄在4～6年，但最好从第3年开始采用2阶段逐步评价和选择策略，第一阶段按照树高初选，第二阶段按照胸径选择。本试验中参试的30个无性系在造林当年树高与胸径、材积表型相关系数分别为0.7530和0.8271，遗传相关系数分别为0.7657和0.8357。随着树龄的增大，4年生无性系树高、胸径和材积表型相关系数分别为0.9016和0.9167，遗传相关系数分别为0.9086和0.9244，表明环境对表型的影响已经逐渐减小，相关性分析可以为无性系评价提供理论依据。

无性系区域化试验是基因型与环境互作研究中的热点，是对树种进行客观评价的理论基础及确定新品种推广价值和适应范围的重要依据，许多作物育种和树种的区域化试验研究表明，基因型与环境存在显著的交互效应（江银荣等，2009；蔡立森等，2007；姜岳忠等，2006；王军辉等，2000）。遗传稳定性是指受遗传控制的产量性状在多变环境范围内的稳定程度，本试验中无性系BL28和无性系BL103是较稳定无性系，无性系LM50、BL46、BL78、BL49、BL83、BL50、BL23、BL30、BL87、BL98、BL69和BL101稳定性次之，无性系BL99、BL76、BL67、BL77和BL63稳定性较差。

不同无性系适应性不同（Sara et al，2006；Karacic et al，2006），无性系BL104、BL42、BL49、BL26、BL23、BL28、BL87、BL98、BL20、BL101、BL22、BL103、BL88和BL76具有平均适应性，无性系BL63、BL77、BL67、BL99、BL53、BL64、BL50和BL46高于平均适应性，BL106、BL107、LM50和BL78低于平均适应性。这与Khasa等（1995）对相思、Mori等（1990）对桉树、Woolaston等（1991）对加勒比松研究相似。

无性系各指标是环境与基因型互作的结果，不同无性系对环境的适应性、稳定性不同，无性系BL28、BL87、BL69、BL101和BL103对4个地点均有很强的适应性，对环境要求不高，可以在4个地点进行栽培。无性系BL106、BL104、BL20和BL88最适栽培地点为E1。无性系BL42、BL23、BL67和BL77最适栽培地点为E2。无性系BL46、BL85、BL98和BL64最适合栽培地点为E3。无性系BL52和BL22最适合栽培地点为E4。表明这些无性系对环境条件要求较高，最好能够在最适地点栽培。

对白杨杂种无性系进行综合评价结果发现不同地点相同无性系 Qi 值差异较大，表明环境对表型有一定影响。当入选率为20%，不同地点无性系BL104、LM50、BL106和BL107均可以入选，表明虽然环境对表型有影响，但基因型在表型中起主要作用。

第5章

白杨杂种无性系表型性状变异分析

杨树是林木遗传改良的模式树种，是世界上分布最广、适应性最强的树种，在工业用材林和生态防护林建设中发挥重要作用。杨树派内种间遗传变异丰富，诸多性状存在较大差异，开展多性状综合分析对杨树的研究日益增多。Lars(2006)、Dillen 等(2009)、李善文(2004)、张有慧等(2008)、解孝满等(2008)等提出可以利用主成分与聚类耦合分析作为杨树无性系选择的理论依据；潘礼晶等(1997)利用遗传距离对杨树无性系进行聚类分析；任建中等(2003)提出几种分析方法相耦合对无性系进行综合评价；杨树无性系各性状是遗传因素和环境因素共同作用的结果，前人对无性系选择研究一般只局限于表型性状的分析，对各性状的遗传方差和遗传相关研究很少，但这两部分是林木遗传育种利用的主要参数。本章对峰峰矿区的30个白杨杂种无性系的17个生长性状进行调查，对各性状的表型方差、遗传方差、表型相关和遗传相关进行分析，深度剖析各性状间相互作用，同时利用主成分分析和综合评定法对白杨杂种无性系进行综合评定，以期为白杨杂种无性系选择提供理论依据。

5.1 试验条件与方法

5.1.1 试验地条件

本试验林位于河北省邯郸市峰峰矿区苗圃场，具体试验林条件见第四章4.1.1.1。

5.1.2 试验材料

试验材料包括30个白杨杂种无性系，具体材料见表4-1。

5.1.3 研究方法

5.1.3.1 白杨杂种无性系树高、胸径和材积测定

于2008年10月对前3个重复的每个无性系选择生长正常的9株进行标

记(每个重复随机选择 3 株)，测定其单株树高(H)、地径(D_0)和胸径($D_{1.3}$)，采用公式 $V=0.19328321D^2H+0.007734354DH+0.82141915\ D^2$($V$ 为材积；D 为胸径值；H 为树高)计算材积(方升佐，2004)

5.1.3.2　白杨杂种无性系树冠直径、分枝角、节间距测定

对标记的每个单株东西和南北 2 个方向的树冠直径进行测定后取平均值代表单株树冠直径；利用量角器，在距植株 3m 处，找植株最低分叉点的最大分枝角度作为单株分枝角；每个单株从 1.3m 向上测定 10 个节间的距离，取平均值为节间距。

5.1.3.3　白杨杂种无性系树皮厚度和皮孔性状测定

对单株南侧的地径处和 1.3m 处的树皮进行打孔取样，取下树皮后用游标卡尺测定其厚度。标记高度 1.3 ~ 1.4m(距离 10cm)之间的树干，测定其周长，调查标记树皮上的皮孔数量，计算 $1cm^2$ 上的皮孔个数，同时用电子游标卡尺随机选择 15 个皮孔测定长和宽。

5.1.3.4　白杨杂种无性系单株叶片性状测定

在标定的植株的中上部选择 15 片南侧枝条上 1 年生成熟叶片，对叶片的长、宽和单叶面积进行测定，叶片长和宽利用游标卡尺直接读取数据，叶面积采用数方格法。

5.1.3.5　白杨杂种无性系通直度和分枝度测定

通直度和分枝度的测定按照等级标准赋值并且在数据处理的时候利用平方根转换来计算(丘进清等，2007；黄德龙，2008)，具体情况见表 5-1。

表 5-1　通直度与分枝度调查评判标准及分值

性状	分值				
	1	2	3	4	5
通直度	树干有 2 段以上明显弯曲	树干有 2 段以上稍微弯曲或 1 段明显弯曲	树干有 1 ~2 段稍弯曲	树干有 1 段稍弯曲	完全通直
分枝度	主干高度 1/4 以下有 1 个大分叉或几个分叉	主干高度 1/4 ~1/2 处有 1 个或几个较大分叉	主干高度 1/2 ~3/4 处有 1 个或几个大分叉	主干高度 3/4 以上有 1 个分叉	没有明显分叉

5.1.3.6　统计分析方法

所有数据利用 SPSS 软件进行分析。无性系重复力、变异系数、遗传变异系数、表型相关、遗传相关采用公式和布雷金多性状综合评定公式见第四章统计分析方法；采用基因型相关矩阵，用 Jacobi(高仁之，1986)方法计算

主成分特征根、特征向量和主成分值；遗传增益估算：$\Delta G = RS/\bar{X}$，式中 S 为选择差，R 为无性系重复力，$\bar{X}$ 为某一性状的群体平均值（朱之悌，1989）。

5.2 结果与分析

5.2.1 白杨杂种无性系各性状方差分析结果

对30个白杨杂种无性系的树高、地径、胸径等17个性状进行方差分析，结果见表5-2，白杨杂种无性系的17个性状均存在极显著差异。

表5-2 白杨杂种无性系各个性状方差分析

性状	*M S*	*F*	性状	*M S*	*F*
树高	10.948	66.096**	皮孔长	59.653	66.099**
地径	43.032	57.460**	皮孔宽	43.603	49.178**
胸径	27.152	68.466**	皮孔数量	0.057	14.123**
材积	0.000557	40.856**	树皮厚度(0 m)	0.452	7.323**
通直度	0.293	13.325**	树皮厚度(1.3 m)	0.835	4.414**
分枝度	0.233	7.234**	叶长	24.465	25.033**
冠幅	8.536	53.170**	叶宽	30.789	29.558**
分枝角度	10109.033	21.309**	单叶面积	11260.579	38.361**
节间距	471.992	26.634**			

注：表中各性状自由度均为29，机误自由度为60。

5.2.2 白杨杂种无性系间各性状遗传变异参数分析

白杨杂种无性系间各性状遗传变异参数见表5-3，3年生白杨杂种无性系树高平均值为6.85m，变幅为4.00～9.50m。最大值是最小值的2.38倍。地径平均值为9.73cm，变幅为4.20～15.50cm，最大值是最小值的3.69倍。胸径平均值为7.60cm，变幅为3.40～11.72cm，最大值是最小值的3.45倍。单株材积平均值为0.0148m^3，变幅较大，为0.00170～0.0411m^3，最大值为最小值的24.18倍。通直度和分枝度平均值较高，分别为3.44和2.94。变幅均为1.00～5.00。白杨杂种无性系冠幅平均值为3.32m，变幅为1.15～6.00m，最大值为最小值的5.22倍。分枝角度平均值为106°，变幅为30.00～210.00°，最大值为最小值的7倍。节间距平均值为40.18cm，变幅为22.00～66.00cm，最大值为最小值的3倍。皮孔长度的平均值为5.62mm，变幅为1.93～12.20mm，最大值为最小值的6.32倍。皮孔宽度的平均值为4.24mm，变幅为1.44～17.14mm，最大值为最小值的11.92倍。

单位面积上的皮孔数量平均值为0.41个，变幅为0.17~0.83个，最大值为最小值的4.88倍。地径和胸径的树皮厚度的平均值分别为3.05mm和2.30mm，变幅分别为1.63~5.05mm和1.29~3.50mm。叶片长度平均值为11.99cm，变幅为8.43~18.40cm，最大值为最小值的2.18倍。叶片宽度的平均值为12.44cm，变幅为7.89~17.50cm，最大值为最小值的2.22倍。单叶面积平均值为109.66cm^2，变幅为40.92~243.77cm^2，最大值为最小值的5.96倍。表型是基因与环境互作的结果，重复力是基因型方差与一般环境方差之和占表型方差的比率。本试验中30个白杨杂种无性系的各性状重复力很高(表5-3)，除树皮厚度与分枝度外均达到了0.9以上，重复力最低的胸径处树皮厚度的重复力也达到了0.7734，表明白杨杂种无性系各性状受较强的遗传因素制约。较大的变异幅度能够给选择提供较大的选择空间。无性系各指标的表型变异系数范围为15.63%(叶片长度)~57.50%(单株材积)，遗传变异系数范围为8.99%(通直度)~52.57%(单株材积)，表明白杨杂种无性系间存在丰富的遗传变异。可以为选择性状优良的无性系提供依据。树高、地径、胸径、单株材积和冠幅最大的6个无性系分别为：树高BL106(9.278 m)>BL104(8.797 m)>BL28(8.267 m)>BL107(8.183 m)>BL78(8.178 m)>BL26(8.122 m)；地径：BL106(13.604 cm)>BL107(13.520 cm)>BL78(12.560 cm)>BL50(11.932 cm)>BL46(11.686 cm)>BL23(11.639 cm)；胸径：BL106(10.826 cm)>BL107(10.680 cm)>BL78(9.631 cm)>BL46(9.043 cm)>BL23(9.003 cm)>BL104(8.902 cm)；材积：BL106(0.0363 m^3)>BL107(0.0312 m^3)>BL78(0.0255 m^3)>BL104(0.0233 m^3)>BL26(0.0209 m^3)>BL46(0.0199 m^3)；冠幅：BL107(4.9667 m)>BL106(4.9444 m)>BL42(4.8444 m)>BL46(4.7056 m)>BL50(4.6167 m)>BL78(4.4450 m)；分枝角度最小的6个无性系是BL28(48.889°)<BL104(56.667°)<BL85(63.333°)<BL20(66.111°)<BL64(68.333°)<BL30(69.000°)。

表5-3　白杨杂种无性系各性状遗传参数

性状	平均值	变幅	变异系数(%)	遗传变异系数(%)	重复力
树高(m)	6.85±1.19	4.00~9.50	17.41	15.91	0.9848
地径(cm)	9.73±2.36	4.20~15.50	24.29	22.21	0.9826
胸径(cm)	7.60±1.86	3.40~11.72	24.44	22.61	0.9854
单株材积(m^3)	0.0148±0.01	0.00170~0.0411	57.50	52.57	0.9755

（续）

性状	平均值	变幅	变异系数（%）	遗传变异系数（%）	重复力
通直度（个）	3.44±0.33	1.00～5.00	18.19	8.99	0.9250
分枝度（个）	2.94±0.31	1.00～5.00	18.53	9.30	0.8618
冠幅（m）	3.32±1.03	1.15～6.00	31.08	29.08	0.9812
分枝角（°）	106.83±38.90	30.00～210.00	36.41	30.62	0.9531
节间距（cm）	40.18±8.17	22.00～66.00	20.33	17.68	0.9625
皮孔长（mm）	5.62±1.29	1.93～12.20	26.20	20.12	0.9849
皮孔宽（mm）	4.24±1.08	1.44～17.14	31.70	21.95	0.9797
单位面积皮孔数量（个）	0.41±0.15	0.17～0.83	57.32	33.60	0.9292
地径皮厚（mm）	3.05±0.63	1.63～5.05	18.89	16.79	0.8634
胸径皮厚（mm）	2.30±0.43	1.29～3.50	20.71	16.59	0.7734
叶片长度（cm）	11.99±1.87	8.43～18.40	15.63	13.48	0.9601
叶片宽度（cm）	12.44±2.06	7.89～17.50	16.57	14.62	0.9662
叶片面积（cm^2）	109.66±38.42	40.92～243.77	35.03	31.83	0.9739

5.2.3 白杨杂种无性系各性状相关性分析

白杨杂种无性系各性状表型相关系数见表5-4（左下部分），树高、地径、胸径、单株材积和冠幅之间均达极显著相关水平；通直度和分枝度与树高、单株材积极显著正相关，而与冠幅和分枝角度极显著负相关；皮孔的长和宽与树高、地径、胸径、材积等生长量性状显著正相关，而单位面积上的皮孔数量则与之显著负相关；树皮厚度、地径、胸径、材积、冠幅、分枝角和皮孔长宽均显著正相关，与树高正相关但没有达到显著水平，与通直度、分枝度呈负相关；叶片长度、宽度、叶面积等性状与生长量性状显著正相关，与皮孔大小和数量均显著负相关。遗传相关是表型中能够稳定遗传的那一部分相关，对于育种来说，遗传相关则显现的更为重要，但由于遗传相关的估算存在着较大的抽样误差，很难达到统计学的显著性水平，所以没有进行显著性检验（续九如，2006）。由表5-4（右上部分）可见，白杨杂种无性系的17个指标的遗传相关最高可以达到0.987（地径和胸径的遗传相关系数），而其它生长性状：树高、地径、胸径、冠幅、单株材积、节间距、地径和胸径的树皮厚度等也达到了很高的相关系数（$r>0.4$），与表型相关相一致。遗传相关和表型相关均说明了白杨杂种无性系各性状间相互依赖相互制约，同时可以看出植物生长是由各性状共同作用的结果。

5.2.4 主成分分析评价无性系

对14个生长性状（表5-5）进行了主成分分析，通过线性变换，将原来的14个性状组合成相互独立的少数几个能充分反映总体信息的主成分，即把关系比较接近的几个变量归于同一类中进行分析。首先求出特征根和各特征根的贡献率，根据累计贡献率大于85%的原则，保留3个主成分(Y1、Y2、Y3)。第一主成分Y1贡献率最大，达到45.043%。其中树高、地径、胸径、材积、冠幅、分枝角、地径树皮厚度和胸径树皮厚度等8个性状绝对值较大，且均是正值，因此当Y1较大时，树高、地径等生长量指标大，这也是育种的主要目标性状。第二主成分Y2贡献率为27.146 %，其中树高、通直度、分枝度、节间距和分枝角度等4个性状绝对值较大，其中分枝角度是负值，其余正值，说明Y2越大，树高、通直度、分枝度越大，节间距也越大，但是分枝角度越小。可以说第二主成分Y2代表树干通直，树冠较窄的无性系。第三主成分Y3贡献率为12.739%，叶片长度、宽度和叶片面积等3个性状对Y3影响最大，且均是正值，说明第三主成分中主要体现的是叶片性状，Y3越大，叶片的长度、宽度和单叶面积越大。根据每个特征根所对应的特征向量，利用Varimax正交旋转法，对30个无性系的3个主成分值进行计算，结果见表5-6，主成分Y1中数值比较大的是无性系BL106、BL107、BL23、BL46、BL78和BL83，表明这几个无性系树高、地径、胸径、材积、冠幅等生长量较大。无性系BL63、BL64、BL76、BL77、BL85和BL99的Y1较小，表明这个几个无性系的生长量较低。Y2值中无性系BL104、BL106、BL107、BL28、BL69和BL85数值较大，说明这几个无性系通直度、节间距和分枝度较大。无性系BL77、BL99、BL42、BL23、BL49、BL50的Y2较小，表明这几个无性系干形指标较差。Y3主要体现叶片性状，无性系BL106、LM50、BL104、BL107、BL98和BL49叶片的长度、宽度和叶面积较大。BL99、BL67、BL78、BL88、BL77和BL53无性系则相对较小。从表5-6还可看出，无性系BL106、BL107的3个主成分值均属前列，是30个白杨杂种无性系中生长量大、通直度高、叶面积较大的无性系。无性系BL104树高、通直度和节间距等干形优良，生长量较大。无性系BL46和BL78生长量优良，可是通直度、分枝度中等。无性系BL77和BL99生长量、干形等性状均较小。

表5-5　白杨杂种无性系生长性状主成分分析

主成分	Y1	Y 2	Y 3
特征根	6.306	3.800	1.783
累计贡献率 %	45.043	72.189	84.928
树高(m)	0.683	0.622	0.212

（续）

主成分	Y1	Y 2	Y 3
地径(cm)	0.967	0.156	0.108
胸径(cm)	0.956	0.155	0.143
单株材积(m^3)	0.894	0.321	0.190
通直度(个)	-0.106	0.911	0.051
分枝度(个)	-0.038	0.902	0.187
冠幅(m)	0.863	-0.275	-0.030
分枝角(度)	0.485	-0.627	-0.157
节间距(cm)	0.310	0.739	0.279
地径皮度(mm)	0.778	-0.175	0.272
胸径皮厚(mm)	0.821	-0.210	0.122
叶片长度(cm)	0.182	0.183	0.917
叶片宽度(cm)	0.038	0.141	0.954
叶片面积(cm^2)	0.243	0.215	0.921

表 5-6　白杨杂种无性系主成分值

无性系	主成分			无性系	主成分		
	Y1	Y2	Y3		Y1	Y2	Y3
BL20	-0.5930	0.5100	0.1697	BL76	-1.0119	0.2861	-0.7922
BL22	-0.3816	0.4576	-0.2917	BL77	-2.0216	-1.0645	-0.8383
BL23	1.0470	-1.1804	0.7832	BL78	1.4522	0.2313	-1.8740
BL26	0.3648	0.7266	-0.4397	BL83	0.8679	-0.8516	-0.3991
BL28	-0.2961	1.7992	-0.8092	BL85	-0.8949	1.0230	0.3829
BL30	0.1880	0.8583	-0.6527	BL87	-0.0137	0.3868	0.0854
BL42	0.5911	-1.6100	-0.2103	BL88	0.3795	-0.3724	-0.9867
BL46	1.2937	-0.7585	-0.7368	BL98	0.0225	-0.6813	1.0891
BL49	0.6229	-1.1513	1.7947	BL99	-1.1063	-1.8026	0.1114
BL50	0.3834	-1.0640	-0.5104	BL101	-0.4391	-0.5873	0.3200
BL53	-0.1606	-0.9946	-0.8523	BL103	0.1301	-0.5950	0.6083
BL63	-2.2374	0.3411	-0.5888	BL104	0.8085	1.8517	1.6933
BL64	-1.2205	0.8252	0.5627	LM50	0.8344	0.3028	1.3638
BL67	-0.8442	-0.2613	-1.7807	BL106	1.7183	1.2720	2.0261
BL69	-0.5331	0.8725	-0.4622	BL107	1.7498	1.2307	1.2344

5.2.5　无性系综合评价

在无性系的选择中，育种目的不同，选择的手段和方法不同，由于杨树是主要的用材树种，利用树高、地径、胸径、材积、通直度、分枝度和冠幅等7个生长量性状，经过布雷金多性状综合评定法对无性系进行综合评价，*Qi* 值结果见表5-7，30个白杨杂种无性系中BL106无性系 *Qi* 值(2.526)最高，其次是BL107(2.468)、BL104(2.333)、BL78(2.320)、LM50 (2.273)和BL46(2.215)。*Qi* 值最低的无性系是BL77(1.747)和BL99(1.709)。利用 *Qi* 值，以20%的入选率进行选择，初步选出无性系BL106、BL107、BL104、LM50、BL78和BL46，6个无性系的树高、地径、胸径和单株材积遗传增益分别为20.76%、24.29%、25.64%和73.44%。

表5-7　白杨杂种无性系综合评定 *Qi* 值

无性系	BL20	BL22	BL23	BL26	BL28	BL30	BL42	BL46	BL49	BL50
Qi 值	2.111	2.041	2.161	2.215	2.165	2.172	2.104	2.215	2.159	2.147
无性系	BL53	BL63	BL64	BL67	BL69	BL76	BL77	BL78	BL83	BL85
Qi 值	1.980	1.816	2.026	1.899	2.090	1.962	1.747	2.320	2.154	2.091
无性系	BL87	BL88	BL98	BL99	BL101	BL103	BL104	LM50	BL106	BL107
Qi 值	2.135	2.111	2.108	1.709	1.943	2.092	2.333	2.273	2.526	2.468

5.3　讨论

30个白杨杂种无性系间各性状差异均显著，存在较高的变异，各表型性状重复力高，表明白杨杂种无性系的各个生长性状受基因控制强。

表型相关结果表明白杨杂种无性系的树高、地径、胸径、材积、冠形和叶片性状等指标表型显著正相关，遗传相关剖去环境影响，比表型相关更真实的描述各指标的相关性，遗传相关分析的结果与表型相关相近，这与其他学者对小麦(王娜等，2009)、棉花(王伟等，2009)和大叶相思(Phi et al, 2008)的研究结果一致；性状间遗传相关关系密切，说明性状之间受相同基因控制或受存在一定连锁关系的不同基因控制，育种中希望对某一性状进行改良的同时也会影响到其它性状，遗传相关可以为遗传改良提供依据。

杨树作为单板用材、纤维用材等被国外学者(Dickmann et al, 2001；Jill et al, 2007)广泛研究。对于白杨杂种无性系，生长量是苗期选择的重要指标，但在选择时，应该利用多个辅助因子与主导因子共同选择，从不同的角度进行分析，才能选出具有明显优势的无性系(Harrington et al，1997；Rae et al，2004；Pellis et al，2004；Orlovic et al，1998；Yin et al，2004)。本研究通过主成分分析把白杨杂种无性系的14个性状分成3个主成分，其中树高、地径等生长量为第一主成分。树干通直度、分枝度和节间距为第二主成分。叶片长、宽和面积为第三主成分。不同无性系在不同主成分中主成分值不同，BL78第一主成分值为1.4522，表明该无性系树高、地径等生长指标大。而第二主成分值为0.2313，说明BL78树干通直度、分枝度较差。在第三主成分值为-1.8740，可以看出BL78叶片小，叶面积小。通过主成分值评价，BL104和BL28树干通直，分枝角小，冠幅小，与农作物的光、肥、水矛盾较小，可以考虑作为密植或农林间作的首选品种，生产单位已经利用无性系BL104作为峰峰矿区郊区行道树，效果较好。

方差分析方法可以评定无性系间单一性状的变异程度，主成分分析能把无性系各项综合性状分类，同时考虑几个性状在无性系中的不同表现，利用多性状综合评定法可根据不同的选择目标对无性系进行综合评价。本文利用3种方法耦合分析，对无性系生长、干形等性状进行探讨。利用综合评定值Qi，以20%的入选率进行选择，初步选出的优良无性系BL106、BL107、BL104、LM50、BL78和BL46的树高、地径、胸径和单株材积遗传增益分别为20.76%、24.29%、25.64%、和73.44%。无性系选择是一个选择、测定、再选择的长期过程，少量无性系推广存在一定的风险，所以对表现中等的无性系尽量保留，继续观察几年后对无性系再进行选择，为优良白杨无性系选择和推广提供材料。

第6章

白杨杂种无性系光合特性分析

近些年，随着各种育种方法的不断成熟，生理、生化、分子标记等手段在杨树育种中被广泛应用。光合作用是干物质生产的主要途径，与生长关系十分密切，光合速率是植物光合生产能力的主要依据之一，植物光合作用过程中，光合指标时刻受到环境因子的影响。国内外对杨树光合特性的报道有很多(Guo et al，2010；Bassman et al，1991；邓松录等，2006；郑彩霞等，2006；周永斌等，2007；张守仁等，2000；房用等，2006)，但对自然环境下光合指标与环境因子相互作用的研究较少，同时利用光合指标对无性系进行立地评价的研究也不多(李静怡，2000)。本章主要对自然条件下30个白杨杂种无性系的瞬时光合指标进行测定分析，同时对光合指标与环境因子的相关性进行探讨，以期为了解白杨杂种无性系光合指标与环境因子的相互作用提供理论基础，为白杨杂种无性系立地筛选提供新的手段和方法。

6.1 试验条件与方法

6.1.1 试验地概况

试验林位于河北省邯郸市峰峰矿区苗圃场，即E1试验林，具体条件见第四章。

6.1.2 试验材料概况

试验材料包括30个白杨杂种无性系，具体材料见表4-1。

6.1.3 实验仪器概况

采用美国lico公司生产的lico-6400光合作用分析系统进行测定，该仪器可以对植株的单叶光合速率(P_n，μmol/(m^2·s))、蒸腾速率(T_r，mol/(m^2·s))、胞间CO_2浓度(C_i，μmol/mol)和气孔导度(G_s，mol/(m^2·s))等光合因子进行活体测定，同时记录光合有效辐射(Par，μmol/(m^2·s))、空气温度

(T_{air}，℃)、空气 CO_2 浓度(C_a，μmol/mol)和空气相对湿度(*RH*，%)等环境因子。

6.1.4 研究方法

6.1.4.1 白杨杂种无性系叶片瞬时 *Pn* 测定

以试验林第二个区组中生长正常的无性系 BL104 单株为试验对象，选择 3 枝主干高度为 5m 处的南侧侧枝，自枝条顶端叶片至底端的叶片，测定其瞬时 P_n。测定时光照强度设定为 1 400 μmol/(m^2·s)，二氧化碳浓度设定为 400 μmol/mol，温度设定为叶片温度，对其它环境条件没有特殊控制。叶片 P_n 稳定叶序作为枝条的功能叶片。利用相同方法对同一单株同一高度其它三个方向枝条上的叶片进行瞬时 P_n 测定，分析东、南、西、北方向叶片瞬时 P_n 是否存在显著差异。对无性系 BL104 其它单株相同功能叶片进行瞬时 P_n 测定，分析相同无性系不同单株间瞬时 *Pn* 是否存在显著差异。

6.1.4.2 白杨杂种无性系光合指标日进程曲线的测定

2008 年 8 月 2 日，天气晴朗，6：00～19：00 对 2 个白杨杂种无性系(BL104、BL30)净光合速率(P_n)日变化进行测定，每隔 1h 测定 1 次。每个无性系随机抽取 1 株，每株选取 3 个主干高度 5m 处的侧枝，每个侧枝上选择 3 片功能叶片进行测定。仪器同时记录蒸腾速率(T_r)、气孔导度(G_s)、细胞间 CO_2 浓度(C_i)、环境 CO_2 浓度(C_a)、叶片温度(T_{air})、光照强度(*Par*)和环境相对湿度(*RH*)。

6.1.4.3 白杨杂种无性系光合－光强(P_n-Par)响应曲线测定

对无性系 BL30、BL63、BL104、BL106 和 BL107 进行 P_n-Par 响应曲线的测定，每个无性系选择生长良好的 3 个单株，每株选择南侧 5m 高枝条上 3 片功能叶进行测定。测定时二氧化碳浓度控制在在 400 μmol · mol^{-1}，光照强度梯度设定为 2000、1800、1600、1400、1200、1000、800、600、400、300、200、100、50、0 μmol/(m^2·s)，对温度和相对湿度没有特别控制，测定后的结果利用 2 次曲线方程对 P_n-Par 曲线进行模拟，方程模式：$Y=b_0+b_1X+b_2X^2$。同时计算曲线方程的光饱和点 *lsp*，光补偿点 *lcp* 和最大 P_n。

6.1.4.4 白杨杂种无性系光合－二氧化碳(P_n-Ca)响应曲线测定

对无性系 BL30、BL63、BL104、BL106 和 BL107 进行 P_n-C_a 响应曲线的测定。叶片与光曲线测定叶片相同。测定时把光有效辐射控制在光饱和点，控制二氧化碳的浓度为 1400、1200、1000、800、600、400、200、100、80、40、0 μmol/mol(利用调节旋钮调节二氧化碳全吸收设定二氧化碳浓度为0)，对温度和湿度没有特别的控制，测定结果利用二次曲线方程对 $P_n - C_a$ 曲线进行方程模拟，方程模型：$Y = b_0 + b_1X + b_2X^2$。同时计算方程的二氧化碳饱和点 csp，二氧化碳补偿点 ccp 和最大 P_n。

6.1.4.5　白杨杂种无性系瞬时光合指标的测定

对30个白杨杂种无性系进行瞬时光合指标的测定，每个无性系选择3个单株，每个单株选择3片功能叶片。测定时光照强度设定为1400 μmol/(m^2·s)，二氧化碳浓度设定为400 μmol/mol，其它环境因子没有特别控制，测定叶片瞬时 P_n、T_r、C_i、G_S，利用公式 Wue = P_n/T_r 计算瞬时水分利用效率 Wue。同时记录气温(T_{air},℃)、空气 CO_2 浓度(C_a，μmol/mol)和空气相对湿度(RH,%)等环境因子。

6.1.4.6　白杨杂种无性系光合指标与环境因子相关性分析

利用日变化测得的数据对各光合指标与环境因子进行相关性分析，同时利用逐步回归分析方法，计算 P_n、T_r、C_i、G_s 的回归方程，探讨环境因子对光合指标的贡献率。

6.1.4.7　白杨杂种无性系光合指标与树高、胸径相关性分析

对白杨杂种无性系树高、胸径与光合指标 P_n、G_s、C_i、T_r 进行相关性分析，探讨无性系光合指标与生长指标的相互关系。

6.1.4.8　数据统计分析方法

所有数据利用 spss 软件进行分析。具体遗传变异参数计算方法见第四章统计分析方法。

6.2　结果与分析

6.2.1　白杨杂种无性系叶片 P_n 变化规律

无性系 BL104 相同枝条叶片瞬时 P_n 变化如图6-1所示，从顶端至底端叶片 P_n 的变化呈先上升后下降趋势，第1片叶片至第3片叶片由于处于新生状态，叶片功能发育不成熟，叶绿素含量低，净光合速率低。第5~15片叶片处于成熟稳定的功能叶序，第16片以下的叶片光合速率随着叶片的逐步老化而降低。选择第5~15叶片作为功能叶片。同一单株的四个方向测定结果表明不同方向瞬时 P_n 差异不显著，相同无性系不同单株瞬时 P_n 差异也不显著。

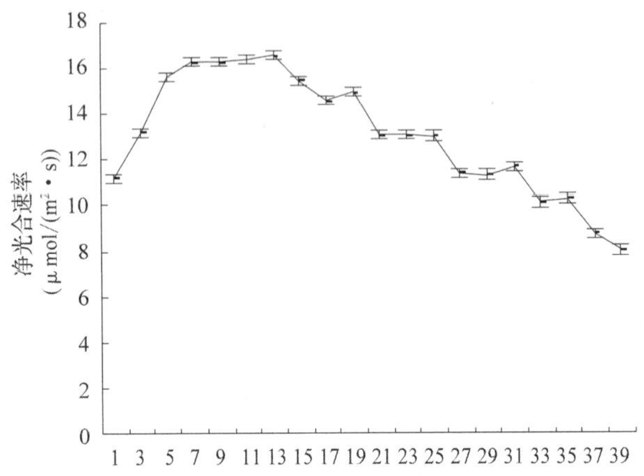

图6－1　同一枝条叶片净光合速率对比图

6.2.2　白杨杂种无性系光合指标日变化

2个白杨杂种无性系光合指标日变化如图6－2所示，净光合速率P_n的日变化呈典型双峰曲线，早晨6:00开始P_n迅速上升，无性系BL104第一个峰值出现在10:00(18.41 μmol/(m^2·s))，之后下降，12:00(9.92 μmol/(m^2·s))出现波谷，12:00后继续上升，16:00出现第二个波峰(18.66 μmol/(m^2·s))。无性系BL30的P_n第一个波峰出现在9:00(18.68 μmol/(m^2·s))，之后迅速下降，波谷出现在12:00(12.07 μmol/(m^2·s))，第二个峰值为14:00(19.76 μmol/(m^2·s))，之后P_n缓慢下降，17:00仍保持较高的光合速率(16.69 μmol/(m^2·s))，随着*Par*的变弱，18:00迅速下降至8.17 μmol/(m^2·s)，19:00出现负值。2个白杨杂种无性系的G_s与T_r日变化趋势基本与P_n相同，呈现双峰现象，中午12:00有波谷出现，说明2个白杨杂种无性系的P_n与G_s、T_r有很强的相关性。2个无性系C_i的日变化趋势呈现先下降后上升的曲线，从6:00开始下降，直到17:00出现波谷后稍有回升，这是植物利用二氧化碳进行光合作用而使环境中的二氧化碳浓度降低而导致的结果。环境因子的日变化趋势如图6－3所示，环境中*Par*与T_{air}呈单峰曲线，随着光照强度增加，温度上升，Par于12:00出现最大值(1450.36 μmol/(m^2·s))，T_{air}于13:00出现最大值(34.29℃)。C_a与*RH*呈先下降后上升的趋势。

6.2.3　白杨杂种无性系的光合－光强(P_n－*Par*)响应曲线

5个白杨杂种无性系的P_n－*Par*曲线(图6－4)呈S形，开始光照强度为0，白杨杂种无性系P_n均为负值，随着*Par*的增加，P_n呈抛物线趋势上升，

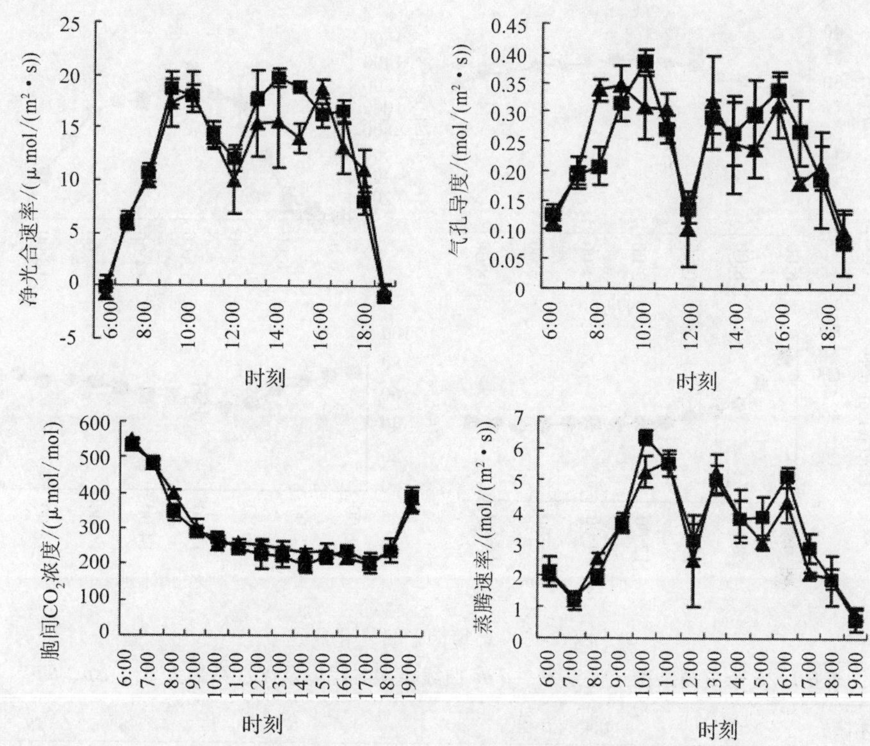

图6-2　2个白杨杂种无性系光合指标日变化曲线

(—▲— BL204，—■— BL30)

Par 增加到800 μmol/(m²·s)以后，P_n增加缓慢，当 *Par* 达到1400 μmol/(m²·s)，无性系瞬时P_n达到最大值，之后随着 *Par* 增加，P_n不再增大，*Par* 达到2000 μmol/(m²·s)，无性系 BL104 出现轻微光抑制现象。白杨杂种无性系的P_n-*Par* 曲线模拟方程见表6-1，5个白杨杂种无性系的光饱和点 lsp 处于1396.55～1469.86 μmol/(m²·s)之间，无性系 BL63 的 lsp 最高，但处于 lsp 的P_n只有18.64 μmol/(m²·s)。5个白杨杂种无性系光补偿点 lcp 差异显著，无性系 BL63(81.17 μmol/(m²·s))最高，BL106(33.08 μmol/(m²·s))最低，表明无性系 BL106 在光照很弱的条件下就可以进行光合作用(温达志，2000)。5个白杨杂种无性系的G_s-*Par* 曲线和T_r-*Par* 曲线均呈缓慢上升趋势，随着 *Par* 的增加，无性系 BL30 的G_s和T_r一直处于最大值，而 BL107 则一直处于最低值状态，*Par* 到达1800 μmol/(m²·s)，无性系G_s和T_r开始下降。5个白杨杂种无性系的C_i均呈下降趋势，*Par* 达到600 μmol/(m²·s)以后，随着 *Par* 上升，C_i处于平稳状态。

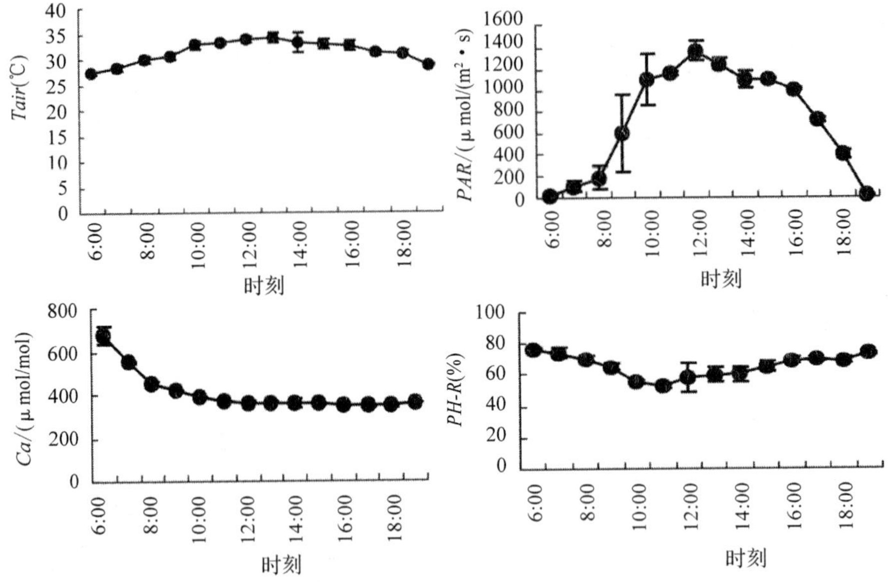

图 6－3　环境因子日变化曲线

表 6-1　5 个白杨杂种无性系 $P_n - Par$ 曲线模拟方程以及无性系最大 P_n、lsp、lcp

无性系	光曲线方程	R^2	P_n	lsp	lcp
BL30	$Y = -0.00001126 \times Par^2 + 0.03189 \times Par - 1.0768$	0.972	21.50	1415.73	57.97
BL107	$Y = -0.00000964 \times Par^2 + 0.02785 \times Par - 0.5732$	0.966	19.54	1444.61	54.18
BL104	$Y = -0.00001244 \times Par^2 + 0.03517 \times Par - 0.2027$	0.979	24.64	1412.69	62.50
BL106	$Y = -0.00001216 \times Par^2 + 0.03398 \times Par - 0.0353$	0.975	23.76	1396.55	33.08
BL63	$Y = -0.00000962 \times Par^2 + 0.02829 \times Par - 2.1535$	0.966	18.64	1469.86	81.17

6.2.4　白杨杂种无性系光合—二氧化碳($P_n - C_a$)响应曲线

5 个白杨杂种无性系的 $P_n - C_a$ 曲线如图 6－5 所示，随着 C_a 增加，白杨杂种无性系 P_n 增大，直到 C_a 达 800 μmol/mol 时，P_n 趋于平稳。由表 6-2 可知，无性系二氧化碳饱和点 *csp* 差异不显著，处于 974.03 ~ 1080.50 μmol/mol 间，最大 P_n 和二氧化碳补偿点 *ccp* 差异显著，无性系 BL30 的 *ccp* 最小(74.03 μmol/mol)，无性系 BL63 的 *ccp* 最大(93.35 μmol/mol)。饱和 CO_2、饱和 Par 条件下，无性系 BL106 的 P_n 最大，可以达到 30.15 μmol/(m²·s)，BL63 最小，只有 20.34 μmol/(m²·s)。

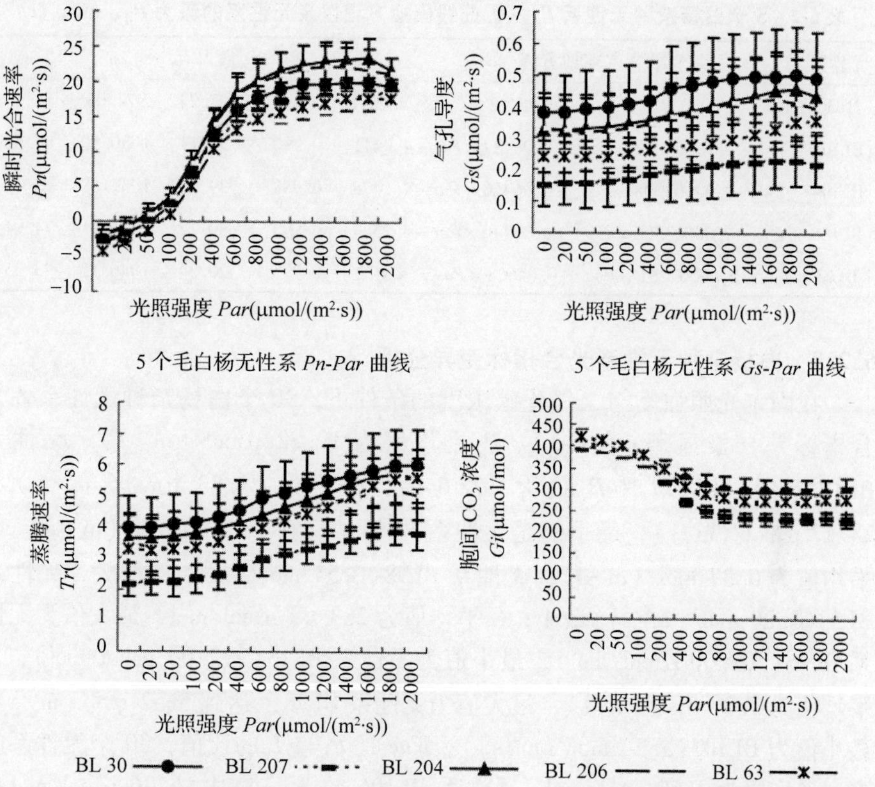

瞬时光合速率
Pn(μmol/(m²·s))
光照强度 Par(μmol/(m²·s))
5 个毛白杨无性系 Pn-Par 曲线
气孔导度
Gs(μmol/(m²·s))
光照强度 Par(μmol/(m²·s))
5 个毛白杨无性系 Gs-Par 曲线
蒸腾速率
Tr(μmol/(m²·s))
光照强度 Par(μmol/(m²·s))
胞间 CO₂ 浓度
Gi(μmol/mol)
光照强度 Par(μmol/(m²·s))
BL 30
BL 207
BL 204
BL 206
BL 63
5 个毛白杨无性系 Tr-Par 响应曲线
5 个毛白杨无性系 Gi-Par 响应曲线

图 6－4　5 个白杨杂种无性系光强－光合指标曲线

BL63
BL30
BL204
BL207
BL206
净光合速率Pn
(μmol/(m²·s))
CO₂浓度Ca(μmol/mol)

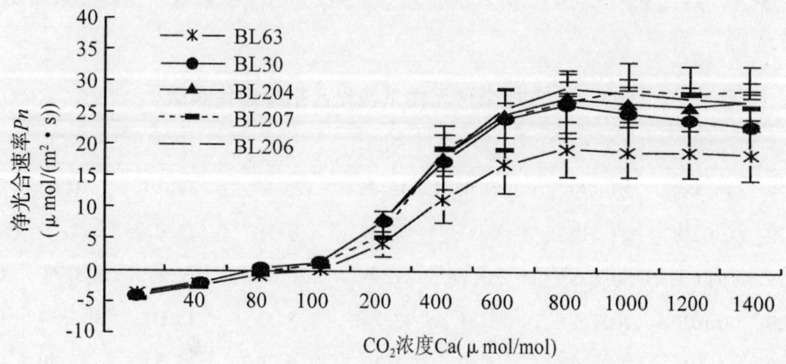

图 6－5　5 个白杨杂种无性系 *Pn*－*Ca* 曲线

表 6-2　5 个白杨杂种无性系 P_n-C_a 曲线模拟方程以及无性系的最大 P_n、*csp*、*ccp*

无性系	光曲线方程	R^2	最大 P_n	*csp*	*ccp*
BL30	$Y=-0.00003320\times Par^2+0.06468\times Par-4.2576$	0.990	27.24	974.03	74.03
BL107	$Y=-0.00003000\times Par^2+0.06482\times Par-4.9111$	0.990	30.11	1080.50	80.68
BL104	$Y=-0.00003098\times Par^2+0.06416\times Par-4.1478$	0.988	29.07	1035.58	75.41
BL106	$Y=-0.00003306\times Par^2+0.06746\times Par-4.2544$	0.993	30.15	1020.11	74.94
BL63	$Y=-0.00002231\times Par^2+0.04668\times Par-4.0723$	0.995	20.34	1046.12	93.35

6.2.5　白杨杂种无性系光合指标变异分析

在固定光照强度与二氧化碳浓度的条件下，30 个白杨杂种无性系各光合指标差异极显著(表 6-3)。P_n 平均值为 19.82 μmol/(m^2·s)。无性系 BL104 和 BL106 瞬时 P_n 最大(表 6-4)，分别达 23.83 μmol/(m^2·s)和 23.17 μmol/(m^2·s)，最小的是无性系 BL63，只有 15.36 μmol/(m^2·s)。G_s 平均值为 0.37 mol/(m^2·s)，无性系 BL98(0.51 mol/(m^2·s))最大，无性系 BL53(0.20 mol/(m^2·s))最小；C_i 平均值为 263.68 μmol/mol，最大值为无性系 BL26(309.00 μmol/mol)，最小值为无性系 BL23(212.00 μmol/mol)；T_r 平均值为 4.38 mol/(m^2·s)，最大值为无性系 BL98，达到 5.52 mol/(m^2·s)，最小值为 BL107(3.24 mol/(m^2·s))。*Wue* 是 P_n 与 T_r 的比值，30 个无性系的 *Wue* 平均值为 4.60μmol/mol，无性系 BL106 的 Wue 最大(6.76 μmol/mol)，最小值是无性系 BL22(3.34 μmol/mol)。30 个白杨杂种无性系的 5 个光合指标的表型变异系数(*PCV*)处于 8.94%~23.22% 之间，遗传变异系数(*GCV*)处于8.78%~22.79% 之间，重复力均大于 0.862，高变异、高重复力有利于无性系选择。

表 6-3　白杨杂种无性系各光合指标遗传参数

指标	*df*	*MS*	*F*	Mean	Min	Max	*PCV*	*GCV*	*R*
P_n	29	13.481	20.279**	19.82	15.36	23.83	11.10	10.42	0.9507
G_s	29	0.0218	50.519**	0.37	0.20	0.51	23.22	22.79	0.9802
Ci	29	1640.31	50.871**	263.68	212.00	309.00	8.94	8.78	0.9803
T_r	29	1.1030	10.103**	4.38	3.24	5.52	15.02	13.14	0.9010
Wue	29	1.189	7.2489**	4.60	3.34	6.76	15.34	12.70	0.8620

表6-4　白杨杂种无性系光合指标多重比较

无性系	指标				
	P_n	T_r	*Wue*	G_s	C_i
BL 20	17. 40hij	3. 73de	4. 67bcdef	0. 31fg	270. 67def
BL 22	16. 57jk	4. 93abc	3. 36g	0. 45bcd	303. 67ab
BL 23	19. 70fgh	4. 47bcd	4. 44bcdefg	0. 31fg	212. 00l
BL 26	20. 93cde	5. 16ab	4. 06cdefg	0. 46abcd	309. 00a
BL 28	21. 33bcde	5. 12ab	4. 16cdefg	0. 47abc	270. 33def
BL 30	20. 53def	4. 82abc	4. 26cdefg	0. 37e	251. 00ghij
BL 42	20. 23ef	4. 25bcd	4. 76bcdef	0. 34ef	261. 33efgh
BL 46	22. 83abc	4. 51bcd	5. 09bcd	0. 48abc	292. 67bc
BL 49	21. 37bcde	5. 51a	3. 88defg	0. 50ab	286. 00c
BL 50	19. 70fgh	4. 64abcd	4. 25cdefg	0. 36e	241. 67j
BL 53	16. 83ijk	3. 24e	5. 20bc	0. 20j	228. 67k
BL 63	15. 37k	3. 30e	4. 66bcdef	0. 23ij	257. 67fghi
BL 64	17. 50hij	3. 77de	4. 66bcdef	0. 32efg	256. 00fghij
BL 67	16. 93ijk	4. 73abc	3. 58fg	0. 38e	290. 67c
BL 69	20. 37ef	4. 39bcd	4. 70bcdef	0. 33efg	246. 00ij
BL 76	17. 53hij	3. 74de	4. 72bcdef	0. 32efg	252. 67ghij
BL 77	19. 63fgh	3. 99cde	5. 04bcde	0. 24hij	226. 67k
BL 78	21. 20bcde	4. 86abc	4. 37bcdefg	0. 46abcd	274. 00de
BL 83	17. 83ghij	3. 99cde	4. 49bcdefg	0. 28gh	257. 67fghi
BL 85	18. 67fghi	3. 66de	5. 11bcd	0. 25hi	241. 33j
BL 87	19. 30fghi	3. 69de	5. 24bc	0. 35ef	269. 33ef
BL 88	21. 53bcde	4. 29bcd	5. 01bcde	0. 37e	256. 00fghij
BL 98	19. 90fgh	5. 52a	3. 61fg	0. 51a	295. 33bc
BL 99	21. 27bcde	4. 73abc	4. 51bcdefg	0. 42d	273. 00de
BL 101	19. 13fghi	4. 98ab	3. 84efg	0. 43cd	263. 33efg
BL 103	20. 47def	4. 59bcd	4. 46bcdefg	0. 35ef	247. 00hij
BL 104	23. 83a	4. 28bcd	5. 59b	0. 35ef	241. 33j
LM50	21. 13bcde	4. 43bcd	4. 77bcdef	0. 50ab	288. 67c
BL 106	23. 17ab	3. 72de	6. 28a	0. 35ef	263. 67efg
BL 107	22. 60abcd	4. 41bcd	5. 29bc	0. 43cd	283. 00cd

6.2.6 白杨杂种无性系光合指标与环境因子相关性分析

环境在植物生命活动中处于非常重要的地位，光合指标不仅受到生物结构特征的影响，同时与光照强度、温度、空气中的二氧化碳浓度和相对湿度等环境因子密切相关(陈冠喜，2009)。白杨杂种无性系光合指标之间、光合指标与环境之间的相关系数见表6-5，P_n与G_s显著正相关，与T_r极显著正相关。环境因子T_{air}与P_n极显著正相关，C_a、RH与P_n极显著负相关。G_s与C_i、T_r和C_a极显著正相关。C_i与T_r、Par和T_{air}极显著负相关，与C_a、RH极显著正相关。T_r与所有环境因子相关均达显著水平。总之，光合指标之间、环境因子之间、光合指标与环境因子之间均存在着一定程度的相互作用关系。

为了探讨对光合指标影响最大的环境因子，进一步对各因子进行回归分析，采用逐步引入—剔除法，对光合指标建立回归方程，模型的判定系数为R^2，调整判定系数为Ra，各个方程经过方差分析，得到F值，检验方程的线性关系，结果见表6-6，最先引入P_n方程的变量是Par，说明Par是影响叶片P_n的主导因子，C_a也引入P_n回归方程，$R^2=0.604$，判定系数$Ra=0.601$，说明P_n与Par、C_a有显著线性关系。最先引入Ci回归方程的环境因子是C_a，环境中的C_a对细胞间隙的二氧化碳浓度有最显著的影响，由日变化可以看出，2个白杨杂种无性系的C_i与C_a变化趋势相同，可以说明C_i与C_a具有一定的相关性。G_s回归方程中最先引入的变量是C_a，虽然判定系数只有0.248，F值处于0.01显著差异水平，可以判定线性模型拟合显著。T_r方程中最先引入的变量是RH，其次是Par。由表6-5还可以发现，4个光合指标回归方程中，Par均被引入，说明光照强度在不同程度上对4种光合指标起着制约和促进作用，在杨树光合作用中起重要作用。

表6-5　光合指标与环境因子相关系数

指标	G_s	C_i	T_r	Par	T_{air}	C_a	RH
P_n	0.129*	-0.653**	0.731**	0.761**	0.691**	-0.555**	-0.536**
G_s		0.384**	0.430**	0.020	-0.096	0.407**	-0.038
C_i			-0.337**	-0.706**	-0.801**	0.895**	0.580**
T_r				0.745**	0.683**	-0.328**	-0.759*
Par					0.856**	-0.560**	-0.781**
T_{air}						-0.726**	-0.753**
C_a							0.488**

表6-6　光合指标的回归方程

指标	回归方程	R^2	Ra	F
P_n	$P_n = 0.0071 \times Par - 0.0123 \times C_a + 10.2848$	0.604	0.601	189.815**
C_i	$C_i = 1.0777 \times C_a - 0.07271 \times Par - 72.9527$	0.862	0.861	779.826**
G_s	$G_s = 0.0008388 \times C_a + 0.00008156 \times Par - 0.1580$	0.254	0.248	42.4998**
T_r	$T_r = -0.09639 \times RH + 0.001063 \times Par + 8.6450$	0.636	0.633	217.615**

6.2.7　白杨杂种无性系树高、胸径与光合指标相关性分析

白杨杂种无性系树高、胸径与光合指标相关系数见表6-7，树高与P_n、G_s、T_r极显著正相关，与C_i正相关，但未达显著水平。胸径与P_n、G_s极显著正相关，与T_r显著正相关，与C_i正相关未达显著水平。

表6-7　树高、胸径与光合指标相关系数

指标	P_n	G_s	C_i	T_r
树高	0.565**	0.354**	0.182	0.361**
胸径	0.586**	0.364**	0.156	0.218*

6.3　讨论

杨树叶片从春季萌动、展叶、成熟到衰老的过程中，光合速率随着叶绿素含量的变化、组织成熟和衰老程度的变化而变化(高健等，2002)，幼叶叶绿素含量低，光合速率低，老化叶片功能下降，光合速率低，测定光合指标的功能叶片区域与杨树叶片的成熟区基本一致，从顶端至底端是低—高—低的过程。

植物光合日变化是一个重要的生理过程，研究光合指标日变化规律，对于植物的光合特性有着重要意义(Surabhi *et al*, 2009)。2个白杨杂种无性系的P_n日变化呈典型的双峰曲线，中午由于环境中的*Par*过高导致光抑制现象发生，这与高健等(2002)和邓松录等(2006)对杨树无性系的光合日进程研究有相同的结果。气孔导度与光合速率同步化，表明是气孔导度降低限制了外界二氧化碳通过气孔进入细胞间隙，并进一步降低了光合速率，属于气孔调节现象(李合生，2002)。2个无性系P_n波峰出现时间不同，表明不同基因型对环境适应过程不同，上午的瞬时P_n没有下午高，可能是由于早晨环境相对湿度过高(76.7%)，导致叶片处于高度休眠状态，随着光照强度

增加，温度上升，湿度下降，叶片逐渐打破休眠，下午出现高光合速率。

光照是光合作用的能量来源(Gaudillere，1989)，同时光可以参与调节酶的活性和气孔开度(John et al，1993)，植物出现光饱和点的实质是因为强光下暗反应跟不上光反应从而限制了光合速率随着光强的增加而增高，同时光饱和点是可以反映最大光能利用率的重要光合指标(曹雪丹等，2008)。在光曲线的测定中，5 个白杨杂种无性系的最大 P_n 与 *lcp* 差异显著，在光照达到饱和状态下，无性系 BL104 与 BL106 显示了高光合速率，在 *Par* 上升过程中，这 2 个无性系也显示了高 T_r 速率，表明这两个无性系适合在光照强度与水分充足的条件下栽培。无性系 BL106 的 *lcp* 最低，可以看出 BL106 在低光照强度下就可以进行光合作用。无性系 BL107 最大 P_n 只有 19.54μmol/(m^2·s)，但 T_r 一直是 5 个无性系中最低的一个，说明 BL107 无性系水分利用效率高，在水分条件受制约的情况下，可以选择栽培 BL107 无性系。

光合作用的过程是极复杂的过程，既受植物自身结构的调节(Erickson et al，2003)，也受外界环境因子的影响(Xiao et al，2008；Xiao et al，2009；Hozain et al，2010；Regier et al，2009；Silim et al，2010；Rood et al，2010；尤扬等，2009；Calfapietra et al，2005；Li et al，2004)，白杨杂种无性系的 P_n 与 G_s、C_i 和 T_r 相关均达到显著水平，P_n 增大，G_s 增大而导致 T_r 增加。叶片光合作用强，消耗的 CO_2 多，而气态的 CO_2 在液相的胞间或胞内的扩散阻力导致胞间 CO_2 浓度得不到迅速补充，其胞内 CO_2 浓度就会下降，所以出现 C_i 与 P_n、T_r 显著负相关的结果。杨树 T_r 是指水蒸气进入细胞间隙之后扩散到叶片外环境的过程，因此 T_r 与气孔的开放程度有密切的关系，而 G_s 和气孔的开闭一致，从日变化可以看出，G_s 与 T_r 的变化趋势基本一致，从相关性也可以看出 G_s 与 T_r 相关达到极显著水平。对蒸腾速率进行环境因子回归方程中发现最先进入方程的环境因子是 *RH*，说明由于空气的湿度大，水蒸气向环境中扩散的速度减低，所以 *RH* 成了影响 T_r 变化的主导因子。

影响植物光合作用的环境因子很多，有些因子直接参与光合作用，如光和 CO_2，另一些因子如水分和温度等，则主要是间接起作用(Kim et al，2007)，比如温度的一部分效应就是增加叶片气孔内外蒸汽压的梯度以及光合作用中的酶活性，从而增加光合作用的进程(Ow et al，2008)。在 $Par-P_n$ 的光合曲线不同阶段，影响光合速率的主要因子不同，弱光下，*Par* 是控制 P_n 的主要因素，随着 *Par* 的提高，叶片吸收光能增多，光化学反应速度加快，CO_2 固定速率加快，从而 C_a 成了限制 P_n 的主导因子。从相关性来说，*Par*、T_{air} 与 P_n 极显著正相关说明了环境因子对 P_n 有重要影响，P_n 与环境因子回归方程的建立进一步说明环境中的 *Par* 与 C_a 是限制 P_n 的主导因子。由

于 CO_2 是光合作用的主要原料，CO_2 浓度的高低是决定 C_i 大小的关键(Liberloo et al.，2006)，C_i 对环境因子回归方程中起主导作用的因子是 C_a，也进一步证明了这一点。

在光照强度与二氧化碳浓度固定的条件下，无性系 BL104、BL106、BL46、BL107、LM50、BL99、BL88、BL78、BL28 和 BL49 瞬时 P_n 较高，处于 21.13 ~ 23.83 μmol/(m^2·s)之间，其中无性系 BL106、BL104、BL107、BL46 和 BL88 T_r 较低，瞬时 *Wue* 处于 5.01 ~ 6.28 μmol/mol 之间，表明这些无性系光能利用效率较高。光合指标 P_n、G_s、T_r 与树高、胸径均达显著正相关水平，表明光合指标对无性系生长量有很大影响，这与万劲(2008)对杨树无性系初步选择中的结论相同，光合指标可以辅助无性系选择。

第7章

白杨杂种无性系叶绿素含量与抗氧化系统分析

喜光植物生长发育离不开光照，光照是一切能量的来源，各种植物在一定的光照环境中，形成了不同的生态习性，不同植物适应不同光照强度(邵世光，2007)，对于不同种类的植物而言，其叶绿素种类和含量有所不同(黄秋婵等，2009)。光合色素是叶绿体的重要组分，起到吸收、传递与转换光能的作用。光合色素含量已经成为植物生理研究中的一项重要指标(李亚江等，2002)。植物在生长过程中通过多种途径产生活性氧，活性氧直接或间接启动膜脂的过氧化作用会导致膜的损伤和破坏，严重时会导致植物细胞的死亡(Kellogg et al，1975)，植物在长期的系统进化过程中，细胞内形成了防御活性氧、自由基伤害的保护机制，其中主要作用的是活性氧清除酶系统，包括超氧化物歧化酶(SOD)、过氧化氢酶(CAT)和过氧化物酶(POD)等(于振群等，2007)。它们能有效地阻止高浓度氧的积累，防止膜脂的过氧化作用，延缓植物的衰老，使植物维持正常的生长和发育(林植芳等，1984)。丙二醛(MDA)是膜脂过氧化作用的中间产物，它能导致细胞膜结构的损伤，干扰正常的生理代谢，随着叶片的逐渐衰老，MDA 含量逐渐升高，最终导致细胞损伤或者死亡(李伯林，1989)。

本章以 30 个白杨杂种无性系为材料，在生长季不同月份(6、8、10 月)无性系叶片的叶绿素含量、MDA 含量、SOD 和 POD 活性进行测定，分析不同月份，无性系叶片抗氧化系统与叶绿素含量变化情况，同时对不同月份叶绿素含量、抗氧化系统与生长量进行相关性分析，旨在为白杨杂种无性系评价提供理论基础。

7.1　材料与方法

7.1.1　试验地概况

本试验林位于河北省邯郸市峰峰矿区苗圃，即E1试验林。

7.1.2　试验材料概况

试验材料包括30个白杨杂种无性系。

7.1.3　试验方法

采用郑彩霞(2006)的方法对无性系叶片叶绿素、酶活进行测定。分别于2009年6月4日、8月9日和10月10日对河北峰峰试验林中白杨杂种无性系进行取样，每个无性系选择生长正常的3株，对每个单株取9片南侧功能叶片，放入液氮罐，带回林业大学后直接测定。

7.1.3.1　白杨杂种无性系叶绿素含量测定

利用95%乙醇－丙酮混合液浸泡法对叶绿素进行提取，步骤如下：取新鲜植物叶片，擦净组织表面污物，剪碎(去掉中脉)，混匀。把剪碎叶片放入具塞试管中，加入95%乙醇－丙酮混合液(1∶1，V/V)10ml，使叶片完全浸入液体中，加盖，放入37℃培养箱中。10h后叶片变白，吸取提取液测定O. D.$_{649}$和O. D.$_{665}$值。

$$C_a = 13.95 \times D_{665} - 6.88 \times D_{649}$$

$$C_b = 24.96 \times D_{649} - 7.32 \times D_{665}$$

式中：C_a和C_b分别为chla和chlb的体积浓度。

叶绿体色素质量浓度＝色素的浓度×提取液体积×稀释倍数/样品鲜重

其中，叶绿体色素的质量浓度的单位为mg/g。

7.1.3.2　白杨杂种无性系SOD、POD、MDA活性测定

(1)SOD活性的测定

1）粗酶提取

取0.5g叶片，液氮研磨后加入3ml浓度为50mmol/L浓度为、pH7.8的磷酸缓冲液，4℃浸提1h，16000 rpm下离心20 min，上清液为粗酶液。

2）酶活性测定

取5ml试管(透明度好)5支，3支为测定管，2支为对照管，按照以下方式加入各溶液：

50 m mol/L pH7.8磷酸缓冲液　　　　1.7ml

130mmol/L Met 溶液 0.3ml
750u mol/L NBT 溶液 0.3ml
100u mol/L EDTA - Na_2溶液 0.3ml
20 u mol/L 核黄素 0.3ml
酶液 0.1ml
总体积 3.0ml

2 支对照试管以缓冲液代替酶液，混匀后将 1 支对照置于暗处，其他各管于 4000Lx 光照下反映 20mins，反应结束后以无照光的作为空白，分别测定其他各管的吸光度。

已知 SOD 活性单位以抑制 NBT 光化还原的 50% 为一个酶活性单位表示，按照下式计算 SOD 活性[U/g(FW)]：

$$\text{SOD 总活性} = \frac{(A_{CK} - A_E) \times V_T}{0.5 \times A_{CK} \times W \times V_1}$$

式中：A_{CK}为对照管的吸光度；A_E为样品管的吸光度；V_T为样品液总体积，ml；V_1为测定时样品用量，ml；W 为样品鲜重，g。

(2) POD 活性的测定　3ml 反应混合液中含 0.2% 愈创木酚 0.95ml，50mmol/ L 的 PBS(pH7.0)1ml，0.3% 过氧化氢 1ml，加入酶液 0.05ml 后启动反应，利用分光光度计在波长 470nm 波长下测吸光值变化，放好后立即读数并记录，30s 读一次，共读 10 次。将每分钟 OD 增加 0.01 定义为一个活力单位。

(3) MDA 含量的测定　参照硫代巴比妥酸(TBA)法测定 MDA 含量(单位：μmol/L，以材料鲜重计)(刘祖祺，1994)。吸取酶液 1.5ml 加入 0.5ml 10% 的 TCA(含 0.3% TBA)混匀，在试管上加盖塞，于沸水中煮沸 15 min 后快速冷却，12000 rpm 离心 15 min，取上清液，以 10% TCA(含 0.3% TBA)为参比，分别测定450 nm，532 nm，600 nm 处的 O.D. 值。

$$\text{MDA} = 6.45 \times (OD_{532} - OD_{600}) - 0.56 \times OD_{450}$$

7.1.4 统计分析方法

所有数据利用 excel 和 spss 软件进行分析。

7.2 结果分析

7.2.1 不同时间白杨杂种无性系叶绿素含量变异分析

方差分析结果见表 7-1，30 个白杨无性系 3 次取样的叶绿素 a(Chla)、叶绿素 b(Chlb)、总叶绿素 chl(a + b)含量差异均达极显著差异水平。叶绿素含量平均值处于低-高-低过程。白杨杂种无性系6月属于展叶期，叶片内组织未发育成熟，叶绿素含量较低。8月份是植物生长最旺盛月份，叶片达到新陈代谢最佳状态，叶绿素含量达最大值。随着叶龄的老化，叶绿素在10月份呈降低趋势，叶绿素含量最低。叶绿素含量表型变异系数为14.21%~49.69%，遗传变异系数为13.50%~49.44%，各色素含量重复力大于0.900。

表7-1　不同月份白杨杂种无性系叶绿素含量遗传参数

采样时间	指标	*MS*	*F*	Mean	*S. D*	*CV*	*GCV*	*R*
6月4日	Chl a	0.05986	23.94**	0.873	0.146	14.21	13.50	0.9582
	Chl b	0.021756	10.74**	0.451	0.092	20.40	17.99	0.9070
	Chl(a+b)	0.137057	15.19**	1.324	0.225	15.27	14.00	0.9342
8月9日	Chl a	0.484242	2152.19**	1.187	0.397	33.47	33.83	0.9995
	Chl b	0.226762	885.79**	0.602	0.272	45.17	45.61	0.9989
	Chl(a+b)	1.254226	1305.13**	1.789	0.640	35.75	36.11	0.9992
10月10日	Chl a	0.169382	49.18**	0.589	0.240	40.68	39.90	0.9797
	Chl b	0.093838	93.12**	0.356	0.177	49.69	49.44	0.9893
	Chl(a+b)	0.385641	47.67**	0.945	0.362	38.31	37.53	0.9790

注：自由度均是29。

7.2.1.1　白杨杂种无性系叶片Chla含量变化

白杨杂种无性系Chla含量如图7-1所示，3次取样无性系Chla平均值最高的是BL107和BL106，可达1.18 mg/g，其次是无性系BL53和无性系BL50，平均值最小的为无性系BL76(0.48 mg/g)、BL63(0.50 mg/g)和BL77(0.69 mg/g)。6月份样品中无性系BL20(1.22 mg/g)和无性系BL69(1.21 mg/g)的Chla含量最高，无性系BL76(0.55 mg/g)和无性系BL63(0.65 mg/g)Chla含量最低。8月份样品无性系BL23(1.87 mg/g)和无性系BL28(1.79 mg/g)Chla含量最高，无性系BL63(0.51 mg/g)和无性系BL76(0.52 mg/g)Chla含量最低。10月份样品中无性系BL22(0.94 mg/g)和无性系BL106(0.93 mg/g)Chla含量最高，无性系BL23(0.30 mg/g)和无性系BL28(0.31 mg/g)Chla含量最低。无性系BL23和无性系BL28的Chla含量变化较大，可能这两个无性系受强光照等环境影响较大。

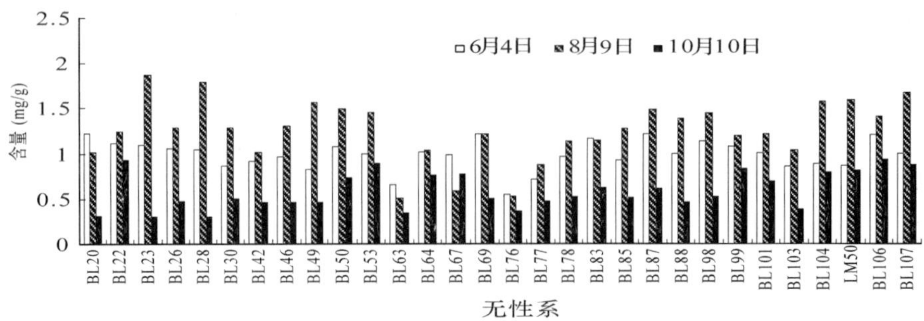

图 7－1 不同月份白杨杂种无性系 Chla 含量

7.2.1.2 白杨杂种无性系叶片 Chlb 含量变化

白杨杂种无性系 Chlb 含量如图 7－2 所示，无性系 BL20(0.70 mg/g)、BL106(0.68 mg/g)和 LM50(0.66 mg/g)Chlb 平均含量最高，最低的是无性系 BL63(0.32 mg/g)和 BL103(0.33 mg/g)。6 月份样品中无性系 LM50(0.66 mg/g)和 BL20(0.64 mg/g)的 Chlb 含量最高，最低的是无性系 BL63(0.22 mg/g)和 BL103(0.40 mg/g)。8 月份样品中无性系 BL23(0.97 mg/g)和无性系 BL20(0.97 mg/g)的 Chlb 含量最高，最低的是无性系 BL103(0.33 mg/g)和 BL77(0.39 mg/g)。10 月份样品中无性系 BL83(0.53 mg/g)和无性系 BL106(0.51 mg/g)的 Chlb 含量最高，最低的是无性系 BL28(0.16 mg/g)和无性系 BL99(0.18 mg/g)。无性系 Chlb 含量差异较大，表明无性系对低光能利用率不同。

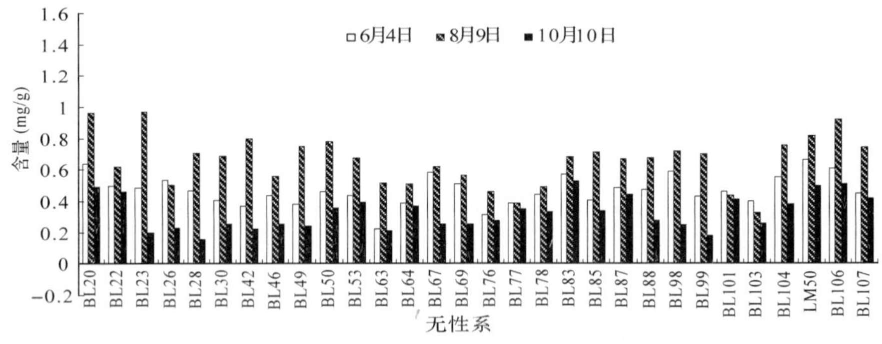

图 7－2 不同月份白杨杂种无性系 Chlb 含量

7.2.1.3 白杨杂种无性系叶片总叶绿素 Chl(a+b)含量变化

赵可夫(1990)提出，在正常情况下，Chl(a+b)应该在 1.38 mg/g 左右，本试验中样品 Chl(a+b)含量如图 7－3 所示，6 月份样品 Chl(a+b)平均值为 1.324 mg/g，8 月份样品 Chl(a+b)平均值显著增高，为 1.789mg/g。

10月份样品Chl(a+b)明显降低，平均值为0.945 mg/g。这与取样时间有关，6月份是叶片刚刚展叶，内部组织没有达到成熟，同时外界光照强度、温度等均未达到最大。8月份是杨树光合能力最强，生长最快的月份，叶片最成熟，叶绿素含量最高。10月份叶片逐渐老化，叶绿素含量逐渐降低。无性系BL106(1.86 mg/g)、LM50(1.75 mg/g)、BL107(1.72 mg/g)、BL104(1.65 mg/g)三次取样Chl(a+b)含量平均值最高，无性系BL63(0.82 mg/g)、BL76(0.83 mg/g)和无性系BL77(1.07 mg/g)含量最低。6月份样品无性系BL20(1.86 mg/g)、BL106(1.81 mg/g)的Chl(a+b)含量最高，无性系BL76(0.86 mg/g)和无性系BL63(0.88 mg/g)的Chl(a+b)含量最低。8月份样品中无性系BL23(2.84 mg/g)、BL28(2.50 mg/g)、BL107(2.41 mg/g)和LM50(2.40 mg/g)的Chl(a+b)含量最高，含量最低的是无性系BL76(0.99 mg/g)、BL63(1.03 mg/g)和无性系BL67(1.21 mg/g)。10月份样品无性系BL106(1.45 mg/g)、BL22(1.40 mg/g)、LM50(1.31 mg/g)和BL107(1.30 mg/g)的Chl(a+b)含量最高，无性系BL28(0.47 mg/g)、BL23(0.51 mg/g)和无性系BL63(0.56 mg/g)的Chl(a+b)总含量最低。

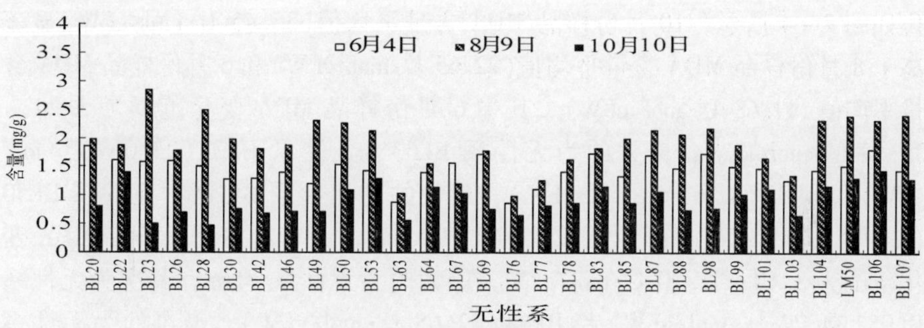

图7-3　不同月份白杨杂种无性系Chl(a+b)含量

7.2.2 不同时间白杨杂种无性系MDA、POD、SOD变异分析

白杨无性系POD、SOD、MDA方差分析见表7-2，不同采样时间，30个白杨杂种无性系POD、SOD、MDA差异显著。其中MDA含量6~10月呈逐渐上升的趋势，这与叶片从成熟到衰老转变有关。POD和SOD变化趋势呈先上升后下降的过程。无性系间3个指标不同月份表型变异系数范围为26.32%~126.00%，遗传变异系数范围为22.42%~106.27%，属于高变异系数，重复力均大于0.8，属于高重复力。

表 7-2 不同月份白杨杂种无性系 POD 活性遗传参数

指标	采样时间	*MS*	*F*	Mean	*S. D*	*CV*	*GCV*	*R*
MDA	6 月 4 日	156.661	19.03**	11.68	7.52	69.32	64.81	0.9475
	8 月 9 日	438.16	8.90**	22.65	13.27	52.31	44.90	0.8876
	10 月 10 日	1558.68	8.57**	35.45	25.11	62.98	53.74	0.8834
POD	6 月 4 日	9.45629	6.675**	0.772	0.316	104.27	84.96	0.8502
	8 月 9 日	19.7978	12.392**	1.089	0.363	85.32	76.59	0.9193
	10 月 10 日	4.61097	8.004**	0.578	0.205	126.00	106.27	0.8751
SOD	6 月 4 日	13552.28	33.421**	120.48	68.48	42.94	41.51	0.9701
	8 月 9 日	6259.974	7.143**	175.59	51.29	27.98	23.11	0.8600
	10 月 10 日	951.3146	8.487**	75.92	19.64	26.32	22.42	0.8822

注：自由度均是 29。

7.2.2.1 白杨杂种无性系丙二醛(MDA)含量

MDA 是膜脂过氧化作用的产物之一，MDA 积累越多，表明细胞膜脂过氧化程度越高(白爽等，2006)，因此 MDA 含量是逆境生理研究中的一个标志脂质过氧化程度的重要生理指标。不同月份 30 个白杨杂种无性系 MDA 变化如图 7－4 所示，10 月份样品 MDA 含量平均值(35.45 U·mol/gFW)显著高于 8 月份样品 MDA 含量平均值(22.65 U·mol/gFW)和 6 月份样品 MDA 含量平均值(11.68 U·mol/gFW)。其中 6 月份样品 MDA 变化范围为 3.24～25.17 U·mol/gFW，最大的为无性系 BL63、无性系 BL23(23.06 U·mol/gFW)和 BL83(20.67 U·mol/gFW)，最小的是无性系 BL106、无性系 BL50(1.49 U·mol/gFW)和无性系 LM50(2.79 U·mol/gFW)。8 月份样品 MDA 变化范围为 8.10～41.20 U·mol/gFW，最大的为无性系 BL63，其次为无性系 BL98(34.72 U·mol/gFW)和 BL64(32.65 U·mol/gFW)，最小的为无性系 BL50，无性系 LM50(8.14 U·mol/gFW)和无性系 BL106(8.87 U·mol/gFW)。10 月份样品 MDA 变化范围为 12.69～64.52 U·mol /g FW，最大的无性系为 BL98，其次为无性系 BL63(64.66 U·mol/gFW)和 BL64(64.52 U·mol/gFW)，最小的为无性系 BL50，无性系 BL49(13.57 U·mol/g FW)和无性系 LM50(14.78 U·mol/gFW)。

7.2.2.2 白杨杂种无性系过氧化物酶(POD)活性

POD 是清除 H_2O_2 的重要保护酶，能将 H_2O_2 分解为 O_2 和 H_2O，从而使机体免受 H_2O_2 的毒害作用。不同月份 30 个白杨杂种无性系 POD 变化如图 7－5所示，8 月份样品平均值(1.09 U/mg FW)显著高于 6 月份样品平均值(0.77 U/mg FW)和 10 月份样品平均值(0.58 U/mg FW)，其中 6 月份样品

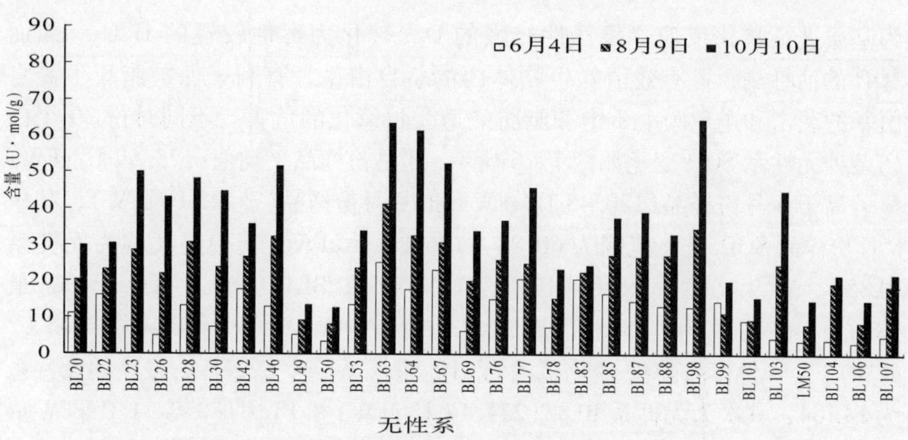

图7－4　不同月份白杨杂种无性系 MDA 含量

POD 变化范围为 0. 34 ~1. 52 U/mg FW，最大的为无性系 BL26，其次为无性系 BL87(1. 46 U/mg FW)和 BL106(1. 39 U/mg FW)，最小的为无性系 BL99，无性系 BL50(0. 35 U/mg FW)和无性系 BL67(0. 36 U/mg FW)。8 月份样品 POD 变化范围为 0. 41 ~2. 02 U/mg FW，最大的无性系为 BL26，其次为无性系 BL87(1. 81 U/mg FW)和 BL106(1. 70 U/mg FW)，最小的为无性系 BL67，无性系 BL77(0. 50 U/mg FW)和无性系 BL28(0. 60 U/mg FW)。10 月份样品 POD 变化范围为 0. 18 ~1. 05 U/mg FW，其中最大的为无性系 BL106 和、无性系 BL30(0. 98 U/mg FW)和无性系 BL103(0. 96 U/mg FW)，最小的是无性系 BL99、无性系 BL67(0. 22 U/mg FW)和无性系 BL69(0. 24 U/mg FW)。

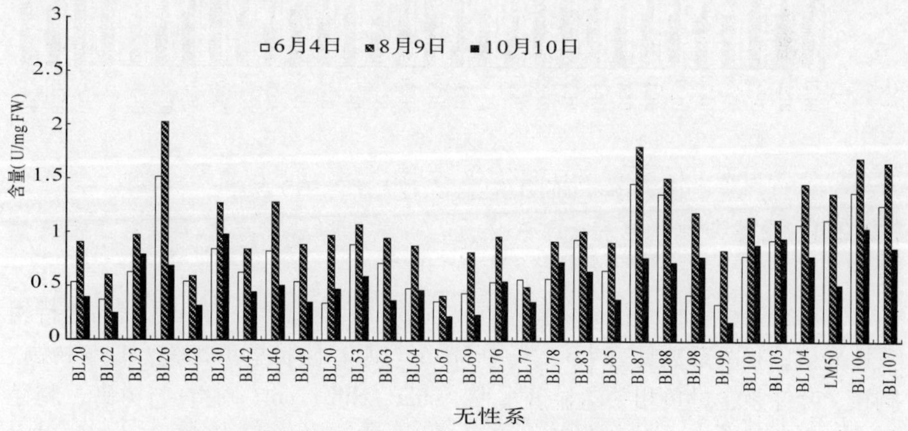

图7－5　不同月份白杨杂种无性系 POD 含量

7. 2. 2. 3　白杨杂种无性系超氧化物歧化酶(SOD)活性

超氧化物歧化酶(SOD)是植物体内重要的保护酶类之一，SOD 能以 O_2^-

为基质进行歧化反应，将毒性较强的 O_2^- 转化为毒性较轻的 H_2O_2。因而SOD 的活性高，可有效清除生物体内的氧自由基，有利于保护脂膜不受自由基的袭击和避免膜上不饱和脂肪酸遭受过氧化的危害。不同月份 30 个白杨杂种无性系 SOD 变化如图 7－6 所示，8 月份样品平均值(175.59 U/gFW)显著高于 6 月份样品(120.48 U/gFW)和 10 月份样品(75.92 U/gFW)，其中6 月份样品 SOD 变化范围为 60.28～176.28 U/gFW，其中最大的为无性系BL85，其次为无性系 BL103(171.17 U/gFW)和 BL46(161.54 U/gFW)，最小的为无性系 BL101。无性系 BL28(73.68 U/gFW)和无性系 BL49(84.45 U/gFW)。8 月份样品 SOD 变化范围为 112.57～264.34 U/gFW，最大的无性系为 BL104，其次为无性系 BL85(234.17 U/gFW)和 BL107(230.71 U/gFW)，最小的为无性系 BL23，无性系 BL20(116.03 U/gFW)和无性系 BL67(124.69 U/gFW)。10 月份样品 SOD 变化范围为 24.12～101.59 U/g FW，其中最大的为无性系 LM50、无性系 BL104(95.01 U/g FW)和无性系 BL69(93.62)，最小的是无性系 BL67、无性系 BL63(39.35 U/g FW)和无性系BL77(43.86 U/g FW)。

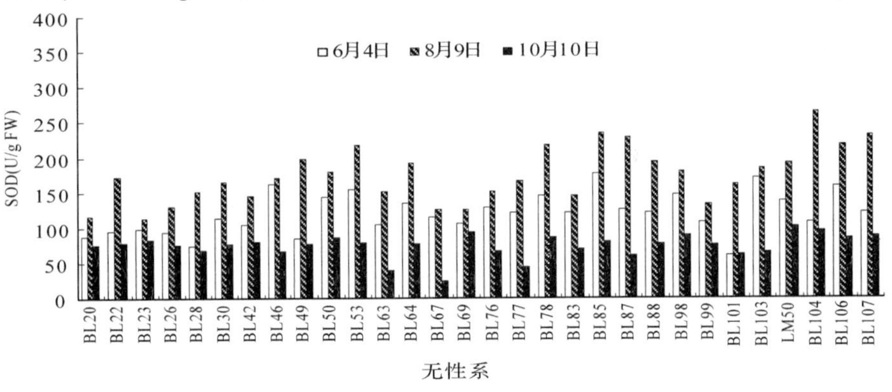

图 7－6 不同月份白杨杂种无性系 SOD 含量

7.2.2.4 白杨杂种无性系叶绿素含量、抗氧化酶系统与树高、胸径相关性分析

对白杨杂种无性系树高、胸径与 8 月份叶片叶绿素含量和酶活性进行相关性分析，相关系数见表 7-3，其中 MDA 与所有性状呈负相关，且与树高、胸径、叶绿素含量负相关达显著水平。chla、chlb、chl(a＋b)与树高、胸径等生长量性状达极显著正相关水平。SOD 与树高和胸径均呈正相关，与胸径正相关达极显著水平。POD 与树高和胸径均显著正相关。

表 7-3　树高、胸径、叶绿素含量、酶活性相关系数

指标	$D_{1.3}$	SOD	POD	MDA	chla	chlb	chl(a+b)
H	0.753**	0.164	0.429**	−0.268*	0.526**	0.316**	0.513**
$D_{1.3}$	1	0.311**	0.461**	−0.372**	0.608**	0.435**	0.618**
SOD		1	0.403**	−0.195	0.359**	0.055	0.292**
POD			1	−0.199	0.383**	0.146	0.343**
MDA				1	−0.328**	−0.224*	−0.329**
chla					1	0.541**	0.953**
chlb						1	0.770**

7.2.2.5　白杨杂种无性系预抗性评价

自然生长状态下植物 POD 和 SOD 等酶活性较高的植物在受到外界胁迫时，植物本身较高的 SOD 和 POD 可以缓解自由基含量升高而带来的破坏程度，也就是说自然生长状态下 POD 和 SOD 含量较高，植物具有较高的预抗性(Zheng HQ et al，2010)。利用 3 次样品的 SOD 和 POD 活性对 30 个白杨杂种无性系进行聚类分析，利用 K 均值分类法，把 30 个白杨杂种无性系分为 3 类，第一类是自然生长状态下酶活力最高的无性系，包括无性系 BL104、BL107、BL87、BL88 和 BL49，这些无性系预抗性最强。第二类是酶活力较高的无性系，包括无性系 BL46、BL50、BL53、BL64、BL78、BL85、BL98、BL103、LM50 和无性系 BL106。这类无性系酶活力较高，在胁迫到来时可以缓解一定的胁迫。第三类是酶活力较低，包括无性系 BL20、BL22、BL23、BL26、BL28、BL30、BL42、BL63、BL67、BL69、BL76、BL77、BL83、BL99 和无性系 BL101，这些无性系预抗性最差，在遭遇胁迫时最容易受到伤害。

7.3 讨论

由于叶绿体是光合作用的主要细胞器，叶绿素是叶绿体的主要色素，它是植物吸收、传递、转换光能的主要色素，在一定范围内，叶片的叶绿素含量与光合速率呈正相关(Mae，1997)，而光合速率大小直接影响植株生物量的产生。所以测定白杨杂种无性系叶绿素含量，了解不同无性系叶绿素动态变化规律，对无性系评价起辅助作用。从叶绿素含量变化来看，叶绿素 a、叶绿素 b 和叶绿素(a+b)动态变化规律相同，3 个月份呈现“低－高－低”的变化过程，这与 Letts 等(2008)对不同季节白杨叶绿素含量测定结果相同。6 月份白杨杂种无性系叶片从展叶期向成熟期过渡，叶绿素含量较低，30 个

白杨杂种无性系叶绿素 a、叶绿素 b 和总叶绿素含量平均值分别为 0.837 mg/g、0.451 mg/g 和 1.324mg/g。8 月份，白杨光合、生长最旺盛，叶片最成熟、功能最完善，无性系叶片叶绿素 a、叶绿素 b 和总叶绿素含量平均值最高，分别为 1.187mg/g、0.602mg/g 和 1.789mg/g。10 月份白杨杂种无性系叶片逐渐老化，功能降低，叶绿素含量也逐渐降低，叶绿素 a、叶绿素 b 和总叶绿素含量平均值分别为 0.589mg/g、0.356mg/g 和 0.945mg/g。虽然 30 个无性系在月份间变化趋势相同，但不同无性系变化幅度不同，6～8 月份，无性系 BL23 和 BL49 总叶绿素含量分别增加 1.25mg/g 和 1.11mg/g，而无性系 BL67、BL69 等变化不大。8～10 月份，无性系 BL23、BL28 和 BL49 叶绿素总含量降低最快，分别降低了 2.33mg/g、2.03mg/g 和 1.60mg/g，而无性系 BL67 和 BL76 降低较少，只有 0.18mg/g 和 0.34mg/g。表明不同无性系叶绿素含量对环境适应性不同，无性系 BL107、BL106、BL104、LM50 等 4 个无性系三次取样的叶绿素总含量均很高，且变化不大，表明这几个无性系在 6 月份叶片叶绿素就很高，在 10 月份叶绿素含量降低，但也维持较高状态，叶片能够维持较高的光合作用。

膜脂过氧化过程中的产物自由基和丙二醛(MDA)都会严重的损伤生物膜。而由自由基、活性氧对植物产生伤害的一个重要机制是直接或间接启动膜脂的过氧化作用，导致膜的损伤和破坏(Kellogg et al，1975)，MDA 的积累来自不饱和脂肪酸的降解(段咏新等，1997)，因此可以依靠 MDA 的积累水平推测体内自由基的活动状态。MDA 增多，自由基、活性氧含量增加。MDA 能与蛋白质结合，引起蛋白质分子内和分子键的交联及生物膜中结构蛋白酶的聚合和交联，使它们的结构功能和化学功能发生变化(王建华等，1989)，从而引起对酶和膜的损伤，MDA 积累越多，表明组织的保护能力越弱(李伯林等，1989)。沈艳华等在研究硅对盐胁迫下杨树幼苗膜脂过氧化的影响中发现随着盐浓度的增加和胁迫时间的延长，叶细胞的膜脂过氧化程度明显加剧，叶片 MDA 含量显著增加，细胞膜透性变大(沈艳华等，2009)。本试验中参试的 30 个白杨杂种无性系 MDA 含量平均值由 11.68 U·mol/g FW 上升至 35.45 U·mol/g FW，主要是由于叶片由未成熟转变为成熟再逐渐转向衰老，在此过程中，膜脂过氧化过程出现增强再增强的过程，从而导致自由基增加，MDA 上升。

超氧化物歧化酶(SOD)和过氧化物酶(POD)是植物体内的重要保护酶，在清除自由基中起到重要作用(于振群等，2007)。其中 SOD 是膜脂过氧化防御系统的主要保护酶，它能催化活性氧发生歧化反应产生无毒分子氧和过氧化氢，从而避免植物细胞遭受伤害，在维护细胞活性氧代谢的平衡中起重要作用(高岩等，1997)。POD可以在逆境胁迫或者衰老过程中清除植物体内的过氧化氢，维持体内活性氧代谢的平衡，从而使植物能在一定程度上忍耐、缓解或低于逆境胁迫，减缓植物器官的衰老过程(鲁福成等，2001)。本研究中30个白杨杂种无性系的SOD和POD处于先上升后下降的趋势，表明在叶片逐渐成熟的过程中(6~8月)，叶片的SOD活性和POD活性逐渐增大。而在8~10月份，无性系POD和SOD活性降低与叶片逐渐衰老有关。

根据生物自由基伤害学说(李合生，2002)，在正常生长情况下，植物体细胞内自由基的产生和清除处于平衡状态，但是当植物受到逆境胁迫(如强光、干旱、盐碱、高温、霜冻、衰老等)，植物细胞内的活性氧自由基的产生和清除的平衡遭到破坏，使活性氧自由基的产生大于清除而导致自由基含量过多积累且超过阀值，进而加剧细胞的膜脂过氧化，给植物造成伤害(Smimoff, 1993；Fridovich, 1975；赵雅静，2009)。植物体内的超氧化物歧化酶(SOD)和过氧化物酶(POD)可以清除体内的自由基，所以植物正常生长的过程中，受到外界侵害时，植物本身较高的SOD和POD可以缓解胁迫的破坏程度，这与Zheng等(2010)提出抗病相关蛋白基因(*PtDrl*02)的组成性表达能够使植物体形成一种组成型预抗性以应对各类胁迫相同。因此我们推测白杨杂种无性系自然生长状态下SOD和POD可以作为一种预抗性评价指标。无性系在正常生长时期，SOD和POD活性越高，无性系对于外界胁迫的抵抗力越强，这与抗旱品种具有较高的SOD活性(孙国荣等，2003)相符。对30个白杨杂种无性系进行聚类分析，利用K均值分类法，把SOD和POD的数据分为3类，第一类是酶活力最高，包括无性系BL104、BL107、BL87、BL88和BL49，这些无性系预抗性最强。第二类是酶活力较高的无性系，包括无性系BL46、BL50、BL53、BL64、BL78、BL85、BL98、BL103、LM50和无性系BL106。第三类是酶活力较低，包括无性系BL20、BL22、BL23、BL26、BL28、BL30、BL42、BL63、BL67、BL69、BL76、BL77、BL83、BL99和无性系BL101，这些无性系预抗性最差，在遭遇胁迫时最容易受到伤害。

张颂云等(1990)提出生物体的生长发育是由一个完整的生化反应系统构成的，林木幼龄期的某些生理生化指标与成熟期之间存在一定的相关性，本研究中自然生长状态下白杨杂种无性系树高、胸径与叶绿素含量极显著正相关，与SOD、POD活性极显著正相关，与MDA含量极显著负相关。各种酶活性之间、酶活性与叶绿素含量之间的相关系数大部分也达显著水平，因此可以利用生理指标和预抗性辅助白杨杂种无性系评价。

第 8 章

白杨杂种无性系多性状综合评价

白杨派树种是我国黄河流域重要的工业用材林和生态防护林种，在大陆半干旱带和大陆湿润带等生境范围内栽培并可发挥较大的生产作用(赵天锡，1994)。目前杂交育种依然是杨树良种培育的主要手段，白杨派内种间杂交可配性高，配合力较好，种间杂交能力强(澹台湛，2005)。国内外在白杨派种内、种间杂交育种方面已经做了大量的研究工作，培育出许多优良品种，在生产中发挥了巨大的经济、生态和社会效益。植物光合、叶绿素荧光信号能快速、灵敏地反映植物生理状态及其与环境的关系，是一种理想的光系统探针(Jan，1990)，并且光合和荧光参数的测定简单、快速、准确，对植株幼苗造成的损伤较小(樊治成，1999)。近年来，许多学者利用光合、叶绿素荧光测定技术，对植物生长、植物抗性等方面进行了广泛研究(Yu，2004；林世青，1992；Guo，2010；Bassman，1991；邓松录等，2006)，但是在对白杨杂种苗期研究中，利用光合、叶绿素荧光特性以及利用荧光与生长性状耦合对白杨杂种无性系综合评价的研究则很少见。本文对自然条件下的30 个白杨杂种无性系光合、叶绿素荧光特性、生长特性进行测定分析，并对无性系光合和叶绿素荧光与生长性状的关系进行讨论，以期为白杨无性系选择和评价提供理论依据。

8.1　试验条件和方法

8.1.1　试验地条件和试验材料

白杨杂种无系系试验林于 2006 年 4 月造林，地点位于河北邯郸峰峰矿区苗圃林场。

试验材料为 30 个白杨杂种无性系。

8.1.2　研究方法

8.1.2.1　白杨杂种无性系生物量的测定

试验林营建 3 年落叶后，对重复 1 ~ 3 中的每个无性系选择生长正常的

3株并进行标记(每个无性系9株)，对单株进行树高(H)、胸径(DBH)的测定，记录数据。采用公式 $V = D_{1.3}{}^2 \times H/3$ (V为材积；DBH为胸径；H为树高)计算材积(丘进清，2002)。

8.1.2.2　白杨杂种无性系叶片性状的测定

对标记的每个单株选择南侧的中上部枝条顶端第5~8片的叶片，三株共选取9片，测定叶片长度(LL)、叶片宽度(LW)、叶柄长度(LP)、叶片厚度(LT)、叶缘锯齿数量(LSN)、主叶脉数量(LVN)、叶基角度(LBA)和叶尖角度(LSA)，同时用方格法测定叶片叶面积(LA)。于每个叶片中部20 cm范围，主脉两侧各取样4cm^2，70~80℃下烘干至恒重，用分子天平测定样品干质量，比叶质量(LMA)=样品干质量/叶面积，单位：g/cm^2。

8.1.2.3　30个白杨杂种无性系瞬时光合参数的测定

测定30个白杨杂种无性系瞬时光合参数。

8.1.2.4　白杨杂种无性系叶绿素荧光参数的测定

利用Lico-6400于晚上10:00-12:00之间测定自然条件下30个白杨杂种无性系叶片叶绿素荧光参数，选择与测定光合速率相同的叶片，叶片暗适应20min后测定F_0(初始荧光)，随后以强饱和闪光(6000/(mol·m·s)，闪光0.8s)激发测定F_m(最大荧光)，同时计算$F_v = F_m - F_0$(可变荧光)，F_v/F_m(PSII最大光化学效率或原初光能转换效率)，F_v/F_0(PSII的潜在活性)；在光合作用进行的同时，给叶片打饱和脉冲，电子门中应该用于光合作用的能量转化成荧光和热量，此时可得到F'_v/F'_m。

8.1.3　统计分析方法

所有数据利用SPSS与EXCEL进行分析。

8.2　结果与分析

8.2.1　方差分析及遗传变异参数分析

白杨杂种无性系各性状方差分析结果见表8-1，性状差异显著($P < 0.01$)。白杨杂种无性系各指标遗传参数见表8-2，其中30个无性系的树高(H)、胸径(DBH)、单株材积(V)的平均值分别为6.85 m，7.60 cm和0.0148 m^3，其中树高变幅为4.00~9.50 m，最大值是最小值的2.358倍；胸径变幅为3.40~11.72 cm，最大值为最小值的3.48倍；材积变幅为0.004 7~0.041 1 m^3，最大值为最小值的8.75倍。叶片长度、叶片宽度、叶片厚度、叶面积、叶柄长度的平均值分别为11.99 cm，12.44 cm，0.20 cm，109.66 cm^{2}和5.49 cm。其中单叶面积变幅最大，最大值是最小值的5.96倍。各光合

指标平均值分别为 19. 78 μmol/(m^2·s)(Pn), 4. 436 mol/(m^2·s)(Tr), 0. 370 mol/(m^2·s)(Gs)和 263. 7 μmol/mol(Ci), 变幅最大的为 Gs, 最大值为最小值的 2. 64 倍。几个叶绿素荧光参数平均值分别为: 147. 948 (F_0), 818. 883 (F_m), 670. 93(F_v), 4. 561(F_V/F_0), 0. 819(F_v/F_m)和 0. 516(F'_v/F'_m)。变幅最大的为 F_m, 最大值是最小值的 2. 63 倍。树高、胸径和材积表型变异系数和遗传变异系数分别为 17. 41 %(15. 91 %)、24. 22 %(22. 21 %)和 57. 50 %(22. 61 %)。叶片性状(叶长、叶宽、叶锯齿数量等)的变异系数从 13. 68 %(主叶脉数量)到 35. 03 %(单叶面积), 遗传变异系数从 5. 40 % 到 31. 83%; 无性系叶片光合和荧光特性各指标表型变异系数从 6. 55 % 到 23. 24 %, 遗传变异系数从 4. 41 % 到 22. 82 %。各指标重复力处于 0. 6459 ~ 0. 9898 之间, 属于高重复力, 高变异高重复力有利于无性系选择。

表 8-1　30 个白杨杂种无性系各性状方差分析结果

性状	MS	F 值	P	性状	MS	F	P
H	10. 948	66. 096	$P<0.01$	LSN	12. 415	14. 120	$P<0.01$
DBH	27. 152	68. 466	$P<0.01$	Pn	19. 314	98. 599	$P<0.01$
V	0. 000557	40. 856	$P<0.01$	Gs	0. 022	50. 519	$P<0.01$
LL	24. 465	25. 033	$P<0.01$	Ci	1640. 310	50. 871	$P<0.01$
LW	30. 789	29. 558	$P<0.01$	Tr	0. 997	20. 976	$P<0.01$
LT	0. 020	17. 938	$P<0.01$	Wue	1. 167	19. 591	$P<0.01$
LA	11260. 579	38. 361	$P<0.01$	F_0	1051. 441	4. 785	$P<0.01$
LP	10. 524	27. 287	$P<0.01$	F_m	29973. 202	5. 879	$P<0.01$
LMA	1. 313E-05	13. 050	$P<0.01$	F_v	23170. 057	6. 093	$P<0.01$
LVN	0. 201	14. 732	$P<0.01$	F_V/F_0	0. 757	7. 106	$P<0.01$
LBA	12. 216	21. 679	$P<0.01$	F_v/F_m	0. 001	5. 611	$P<0.01$
LSA	2. 382	2. 824	$P<0.01$	F'_v/F'_mK	0. 010	4. 625	$P<0.01$

表 8-2　30 个白杨杂种无性系各性状遗传参数

性状	平均值	变幅	变异系数(%)	遗传变异系数(%)	重复力(R)
H	6. 85	4. 00 ~ 9. 50	17. 41	15. 91	0. 9848
DBH	7. 60	3. 40 ~ 11. 72	24. 44	22. 21	0. 9854
V	0. 0148	0. 004 7 ~ 0. 041 1	57. 50	22. 61	0. 9755
LL	11. 99	8. 43 ~ 18. 40	15. 63	13. 48	0. 9601

（续）

性状	平均值	变幅	变异系数(%)	遗传变异系数(%)	重复力(R)
LW	12.44	7.89～17.50	16.57	14.62	0.9662
LT	0.20	0.07～0.54	28.50	23.26	0.9443
LA	109.66	40.92～243.77	35.03	31.83	0.9739
LP	5.49	3.007～8.942	22.15	19.33	0.9634
LMA	0.00604	0.002 09～0.010 77	25.20	19.22	0.9234
LVN	7.18	5.00～9.00	13.68	5.40	0.9321
LBA	148.15	65.00～230.00	21.69	9.41	0.9538
LSA	67.20	35～350	31.88	5.08	0.6459
LSN	7.71	4.47～18.06	18.89	14.68	0.9292
Pn	19.78	14.60～24.10	12.82	12.76	0.9898
Gs	0.370	0.196～0.518	23.24	22.82	0.9802
Ci	263.7	206～309	8.94	8.78	0.9803
Tr	4.436	3.16～5.57	13.46	12.68	0.9523
Wue	4.513	3.07～5.86	14.36	13.46	0.9490
F_0	147.948	112.9～240.2	20.96	6.98	0.7910
F_m	818.883	591.6～1255.0	20.89	9.32	0.8299
F_v	670.93	466.0～1024.0	21.52	10.32	0.8359
F_V/F_O	4.561	2.340～5.577	15.00	7.91	0.8593
F_v/F_m	0.819	0.749～0.848	6.55	4.41	0.8218
F'_v/F'_m	0.516	0.370～0.809	13.04	9.71	0.7838

注：树高单位为 m，胸径、叶片长度、叶片宽度、叶片厚度、叶柄长度等单位为 cm，单叶面积单位为 cm^2，单株材积单位为 m^3，叶比叶质量单位为 g/cm^2，叶基角度和叶尖角度单位为度，*Pn* 单位为 $\mu mol/(m^2 \cdot s)$，*Gs* 单位为 $mol/(m^2 \cdot s)$，*Ci* 单位为 $\mu mol/mol$，*Tr* 单位为 $mol/(m^2 \cdot s)$，*Wue* 单位为 $\mu mol/(m^2 \cdot s)$。

8.2.2　各性状相关性分析

白杨杂种无性系各性状表型相关系数见表 8-3，树高与胸径、材积等生长性状表型相关达到了极显著水平（$r>0.76$），树高、胸径、材积与叶片长度、宽度、叶面积和叶脉数等性状相关性达显著水平，树高、胸径、材积与光合、荧光因子 *Pn*、*Gs*、*Ci*、*Tr*、*Wue*、F_0、F_v/F_0、F_v/F_m、F'_v/F'_m 均达到了极显著水平；叶长、叶宽、叶面积之间相关显著，这 3 个指标与叶基角、锯齿数相关达显著水平，与 *Pn*、F_o、F_m、F_v 等因子显著相关。光合因子 *Pn*、*Gs*、*Ci*、*Tr*、*Wue* 之间相关达极显著水平，*Pn* 与 F_m、F_v、F_v/F_0、

F_v/F_m、F'_v/F'_m极显著正相关，Gs 与 F_v、F_v/F_0、F_v/F_m显著正相关，Tr 与 F_v/F_0、F_v/F_m、F'_v/F'_m达显著正相关。荧光因子中，除 F_v、F_m与 F'_v/F'_m相关未达显著外，其余指标均显著相关。

白杨杂种无性系各性状遗传相关系数见表 8-3，树高、胸径和材积之间遗传相关系数很高($r>0.85$)，树高、胸径、材积与叶片长度、宽度、叶面积等指标均呈正相关($r>0.20$)，与光合因子中的 Pn、Gs、Tr、Wue 正相关($r>0.20$)，与 F_0、F_v/F_0、F_v/F_m、F'_v/F'_m相关系数较高($r>0.30$)。叶片长度、宽度、叶面积指标间遗传相关系数高达 0.85 以上，叶长、叶宽、叶面积与 Pn 遗传相关系数达到 0.25 以上；Pn 与 F_m、F_v、F_v/F_0、F_v/F_m遗传相关系数达到 0.20 以上，与 F'_v/F'_m也有很强的遗传相关(0.195)。毛白杨无性系各生长指标、光合因子、荧光因子间的表型和遗传相关说明了毛白杨无性系在生长过程是受到各种生理与生长指标共同作用的结果。

8.2.3 树高、胸径回归方程的建立

采用 Stepwise(逐步引入剔除法)的回归方法对白杨杂种无性系树高、胸径和材积建立回归方程，每个方程引入 12 个变量，具体回归方程如下：

$H = -9.0805 + 0.2350\ Pn + 0.0330\ F_0 + 0.0082\ LA - 0.2136\ LP + 4.5161\ F_v'/F_m' - 4.0925\ LT + 0.0192\ C_i - 6.1398\ Gs + 1.7633\ F_v/F_0 - 0.0084\ F_m - 77.7205\ LMA + 0.3837\ Tr$ ($R=0.7728$，$R^2=0.5972$，Adjusted $R^2=0.5784$)

$DBH = -3.3242 + 0.1848\ Pn + 0.0403\ F_0 - 0.2269\ LSN + 0.0186\ LA + 2.9794\ F_v/F_0 - 0.2167\ LP - 0.0133\ F_v - 218.5940\ LMA + 2.8246\ Gs + 3.7982\ F_v'/F_m' - 0.1896LW - 0.1483LBA$ ($R=0.7327$，$R^2=0.5369$，Adjusted $R^2=0.5153$)

$V = -0.0805 + 0.0014\ Pn + 0.0002\ F_0 + 0.0273\ F'_v/F'_m + 9.71E-05\ LA - 0.0011\ LP + 0.0001\ C_i + 0.0135\ F_v/F_0 - 6.9E-05\ F_v - 0.8617\ LMA - 0.0006\ LSN - 0.0008\ LW - 0.0206\ Gs$ ($R=0.7503$，$R^2=0.5629$，Adjusted $R^2=0.5425$)

从 3 个回归方程中可以看出，回归方程的决定系数均高于 0.5，且调整系数也高于 0.5，表明回归方程拟合程度较强。最先引入树高回归方程的 3 个性状分别为 Pn、F_0和 LA，且均是正值。最先引入胸径回归方程的 3 个性状分别是 Pn、F_0和 LSN，其中 Pn 和 F_0为正值，而 LSN 为负值。最先引入材积回归方程的为 Pn，F_0和 F_v'/F_m'，其中，Pn 和 F_0和 F_v'/F_m'均为正值。3 个方程最先引入的 2 个变量均是 Pn 和 F_0，表明在白杨杂种无性系生长的

过程中，净光合速率 Pn 与初始荧光 F_0 起着重要的作用，其余因子如叶面积、F'_v/F'_m、LP、LMA、F_v/F_0、Gs 等也同时被引入各回归方程中，说明这些因子对树高、胸径和材积也起一定的作用。

8.2.4　回归方程中各变量对树高、胸径、材积的通径分析

通径分析和是相关系数的分解，是各变量对树高、胸径和材积的直接作用，对引入回归方程的各变量进行通径系数计算，结果见表 8-4，作用于树高、胸径和材积的直接贡献最大指标均是 F_v/F_0，这与相关系数中 F_v/F_0 与树高、胸径、材积极显著正相关符合。F_0 与树高、胸径和材积的直接作用是正效应，但相关性分析显示 F_0 与这 3 个指标的表型相关和遗传相关均是极显著负相关，说明 F_0 与其他因子的负效应间接的影响 F_0 与树高、胸径、材积的正效应而掩盖 F_0 与这 3 个因子的直接正效应。Pn、叶面积和 F'_v/F'_m 等因子对树高、胸径和材积也均显示了很高的直接正效应，这与相关分析结果一致。

表 8-4　白杨杂种无性系树高、胸径和材积的通径分析

性状	1	2	3	4	5	6
H	Pn	Fo	LA	LP	F'_v/F'_m	LT
	0.4977	0.4977	0.2655	−0.2178	0.2537	−0.1939
DBH	Pn	F_0	LSN	LA	F_v/F_0	LP
	0.2513	0.4787	−0.1780	0.3843	0.8570	−0.1419
V	Pn	Fo	F'_v/F'_m	LA	LP	Ci
	0.4151	0.5340	0.2148	0.4390	−0.1526	0.3105

性状	7	8	9	10	11	12
H	Ci	Gs	F_v/F_0	F_m	LMA	Tr
	0.3782	−0.4414	0.7900	−0.6987	−0.0992	0.1915
DBH	F_v	LMA	Gs	F'_v/F'_m	LW	LBA
	−0.6180	−0.1791	0.1304	0.1370	−0.2104	−0.1078
V	F_v/F_0	F_v	LMA	LSN	LW	Gs
	0.8481	−0.6982	−0.1542	−0.1023	−0.1817	−0.2076

8.2.5　光合因子与叶片因子辅助无性系选择

采用布雷金多性状综合评定法对无性系进行综合评定，选择树高、胸径、材积以及与这几个指标相关显著的几个指标（LL、LW、LA、Pn、Gs、Ci、Tr、Wue、F_0、F_v/F_0、F_v/F_m 和 F'_v/F'_m）进行综合评价，Qi 值结果见

表 8-5，30 个白杨杂种无性系中无性系 BL 106（*Qi* 值为 11.614）最高，其次是 BL 104（*Qi* 值为 10.862）、BL 107（*Qi* 值为 10.626）、BL 49（*Qi* 值为 10.530）、LM50（*Qi* 值为 10.462）和 BL 78（*Qi* 值为 9.987），*Qi* 值最低的是无性系 BL 63（*Qi* 值为 6.983），其次为无性系 BL 53（*Qi* 值为 7.775）和 BL 67（*Qi* 值为 7.854）。以入选率为 20% 对无性系进行选择，BL 106、BL 107、BL 104、BL 49、BL 78 和 LM50 入选，入选的 6 个无性系的树高、胸径和单株材积的遗传增益分别为 18.72%，25.04% 和 70.33%。

表 8-5　30 个白杨杂种无性系 *Qi* 值

无性系	BL20	BL22	BL23	BL26	BL 28	BL 30	BL42	BL46	BL49	BL50
Qi	9.144	8.789	9.423	9.892	9.714	9.497	9.266	9.635	10.530	9.375
Clone	BL 53	BL 63	BL 64	BL 67	BL 69	BL 76	BL 77	BL 78	BL 83	BL 85
Qi	7.775	6.983	9.136	7.854	9.086	8.156	8.025	9.987	9.147	8.613
Clone	BL 87	BL 88	BL 98	BL 99	BL 101	BL 103	BL104	LM50	BL106	BL107
Qi	9.053	9.227	9.826	8.497	9.245	9.283	10.862	10.462	11.614	10.626

8.3　结论与讨论

林木遗传育种中最重要的两个因素就是遗传和变异，本研究中白杨杂种无性系树高、胸径和材积表型变异系数和遗传变异系数分别为 17.41 %（15.91 %）、24.22 %（22.21 %）和 57.50 %（22.61 %）。叶片性状（叶长、叶宽、叶锯齿数量等）的表型变异系数从 13.68 %（主叶脉数量）到 35.03 %（单叶面积），遗传变异系数从 5.40 % 到 31.83 %；无性系叶片光合和荧光特性各指标表型变异系数从 6.55 % 到 23.24 %，遗传变异系数从 4.41 % 到 22.82 %。各指标重复力处于 0.645 9～0.989 8 之间，属于高重复力，高变异高重复力有利于无性系选择。

叶片是树木的主要营养器官，植物光合作用的主要部位是叶片，单叶面积的光合能力与叶面积大小共同决定单叶面积的固碳能力，同时也是输出光合产物的重要指标。30 个白杨杂种无性系的叶片性状差异显著，同时光合指标、荧光指标差异也显著，表明无性系单叶面积固碳能力差异较大，具有较大选择潜力。

当叶片暗处理一段时间后，所有 PSⅡ 反应中心全部处于开放状态，此时，植物的潜在光合能力最大，给一个弱的调制测量光，只激发色素本底荧光，而不引起任何光合作用，就得到叶片初始荧光 F_0，此时打饱和脉冲，所有电子门将应该用于光合作用的能量转化为叶绿素荧光和热能，此时得到最大荧光 F_m，从而得到 PSⅡ最大量子产量 F_v/F_m。荧光参数 F_v/F_m 是反映光系统Ⅱ活性的可靠指标(Smillie，1982；Krause，1991；李国景，2005)，F_v/F_m 是 PSⅡ最大光化学量子产量，反映最大 PSⅡ的光能转换效率，植物有较高的 F_v/F_m 值，从而才有可能将叶片所吸收的光能有效地转化为化学能以提高光合电子传递速率，形成更多的 ATP 和 NADPH，为光合碳同化提供充分的能量和还原力。F_v/F_m 一般处于 0.75 ~ 0.85 之间，植物受到胁迫时，F_v/F_m 明显下降(许大全，1992)，王良桂等(2008)对干旱胁迫下楸树叶片荧光特性的测定结果发现，胁迫显著降低叶片 F_v/F_m 参数。本试验中所有无性系 F_v/F_m 值处于 0.749 ~ 0.848 之间，说明 30 个毛白杨无性系基本处于正常生长状态，未受到胁迫，这与吴春林等(2008)对 2 年生楸树幼苗测定结果相同。在光合作用进行的同时，给叶片打饱和脉冲，电子门中应该用于光合作用的能量转化成荧光和热量，此时可得到 F'_v/F'_m，F'_v/F'_m 反映了当前光照状态下 PSⅡ实际量子产量，反映植物目前的实际光合效率。在相关分析中，F_v/F_m、F'_v/F'_m 与 Pn、Tr 显著正相关，也说明叶绿素荧光与光合作用之间的是相互关联的。

光合作用的过程是极复杂的过程，既受外界环境因子的影响(Hozain，2010；Xiao，2009；Regier，2009；Silim，2010；Rood，2010;)，又受植物自身结构的调节(Erickson，2003)，白杨杂种无性系的 Pn 与 Gs、Ci 和 Tr 相关均达到显著水平，Pn 增大，Gs 增大而导致 Tr 增加。相关分析发现光合指标(Pn、Gs、Ci、Tr)与生长指标(H、DBH、V)正相关均达极显著水平，回归分析发现树高、胸径和材积的回归方程中，Pn 均是最先引入方程，这些都表明植物光合对植物生长有着直接的影响。

相关性分析发现白杨杂种无性系树高、胸径、材积与叶片长度、叶片宽度、单叶面积显著正相关，与光合指标 Pn、Gs、Tr、Ci、Wue 显著正相关，与叶绿素荧光参数 F_v/F_0、F_v/F_m、F'_v/F'_m 显著正相关，但是与初始荧光 F_0 显著负相关。遗传相关剖去环境影响，比表型相关更真实的描述各指标的相关性，遗传相关分析的结果与表型相关相近，这与 Phi(2008)对大叶相思的研究结果一致从回归分析中发现 12 个指标进入树高、胸径和材积的回归方程，方程的调整判定系数分别为 0.578 4、0.515 3 和 0.542 5，表明方程拟合度较高，Pn 与 F_0 首先进入回归方程，并且 Pn 与 F_0 系数均为正值，表明在植株生长过程中 Pn 和 F_0 起促进作用。通径分析结果发现 F_v/F_0 对树高、胸径和材积(0.790 0、0.857 0、0.848 1)的直接贡献率最大，同时还进一步

发现 F_0对树高、胸径和材积提供正贡献率(0. 497 7、0. 478 7、0. 534 0)，这些均与相关性系数 -0. 405(树高与 F_0)、-0. 396(胸径与 F_0)、-0. 394(材积与 F_0)趋势不同，这表明间接贡献率掩盖直接贡献率而使表型相关产生相反的效果。

育种目的不同，研究的方法也不同。杨树是主要的用材树种，对之评价应该从多方面、多角度进行才能选育出有明显优势的无性系(Harrington, 1997；Rae, 2004；Pellis, 2004；Yin, 2004)。采用多性状综合评定法，利用树高、胸径和材积以及与之相关系数较高的其它 12 个性状评价无性系，*Qi* 值范围为 6. 983 (BL 63)~ 11. 614 (BL106)，利用 *Qi* 值选择无性系，当入选率为 20 % 时，无性系 BL 106、BL 107、BL104、BL 49、LM50 和 BL 78 入选，入选无性系树高、胸径和单株材积遗传增益分别为 18. 72 %、25. 04 % 和 70. 33 %。

第9章

白杨杂种无性系不同地点生长量模型分析

林木生长发育是一个复杂的动态过程，为了获得更多与生长相关的信息则需要对林木的生长变化进程进行测定分析。随着计算机技术以及数学等多学科在林木育种中的应用，利用数学模型模拟林木生长过程的研究得到了越来越多研究者的重视。在作物中，Zhao 等(2012)曾经对不同基因型玉米的生长过程进行模型模拟，把生物性状形成的生物学原理，通过建立强劲的数学模型，与基因定位的统计方法相结合，方法既具高度的生物学意义，又有高度的统计功效。在林木中，Zhang(2009)利用数学模型对杨树不定根形成过程进行模拟，进一步探讨杨树不定根的形成和发育机理。对林木生长过程进行研究还可以为林木苗木生产技术措施提供理论依据(刘鲁平，2001)，例如在什么时间对林木采伐最合理，什么时间施肥对林木生长效应最强等。本章主要以不同地点栽植的30个白杨派杂种无性系为材料，对1~5年生的树高和胸径进行测定分析，对树高和地径生长过程进行数学模型的模拟，把数学模型的知识与植物生长发育有效结合，为林木生长、发育研究提供理论基础。

9.1 材料与方法

9.1.1 研究材料

试验材料主要包括30个白杨杂种无性系。

9.1.2 研究方法

主要对白杨杂种无性系的树高和胸径进行测定，具体测定次数见表9-1。传统的方差分析方法是对无性在每个时间点在每一个环境内的树高和胸径的平均值进行分析，而本研究中利用每个无性系的每个单株的生长轨迹进行分析。

表 9-1　2006～2010 年各地点测定树高和地径情况

地点		树高					胸径				
		2006	2007	2008	2009	2010	2006	2007	2008	2009	2010
E1	Fengfeng	–	X	X	X	X	–	X	X	X	X
E2	Wei	–	X	X	X	X	–	X	X	X	X
E3	Guan	–	–	X	X	X	–	–	X	X	X
E4	Ningyang	X	X	X	X	X	X	X	X	X	X

注：X 代表数据已测，– 代表没有测定数据。

9.1.3　分析方法

利用 $y_{ijk}(t)$ 代表第 t 年第 i 个无性系在第 k 个环境下，无性系 j 的 i 性状的测定结果，而 $t=1$，2，…，T_k 代表在 k 环境条件下不同测定的时间点，因此生长性状的模型 $y_{ijk}(t)$ 可以表示为以下方程：

$$y_{ijk}(t)=\mu_{jk(t)}+e_{jk}(t) \tag{9-1}$$

式中：$\mu_{jk}(t)$ 代表在 t 时间，k 地点上，无性系 j 的期望平均值，而 $e_{jk}(t)$ 代表环境误差。假设误差项 $e_{jk}(t)$ 遵从正态分布，不同时间点(t, t')的误差项相关系数表示为 $\rho(t, t')$，那么在环境 k 条件下方差和协方差可以利用(T_kXT_k)协方差矩阵 $\sum_k$ 表示。

9.1.3.1　似然函数

令作为 $y_{ijk}(t)=(y_{ijk}(1), \cdots, y_{ijk}(T_k))$ 作为在不同时间，k 地点，无性系 j 的 i 性状测定结果的向量函数，假设，基因型、基因型与环境互作同时控制植物生长过程，那么不同无性系在不同地点生长参数则会不同，生长性状(y)似然函数可以表示如下：

$$L(\Omega \mid y)=\sum_{k=1}^{4}\sum_{j=1}^{l}\sum_{i}^{n_i}\log[f_{ijk}(y_{ijk}(t):\Omega)] \tag{9-2}$$

式中：Ω 是方程(9-1)协方差矩阵中 $\sum_k$ 和构成平均向量 μ_{jk} 参数的未知参数向量，而在 k 环境条件下无性系 j 的 i 性状在 T_k 时间点的多元正态分布密度函数可以表示为：

$$f_{ijk}(y_{ijk}:\Omega)=\frac{1}{(2\pi)^{T_{k/2}}\left|\sum_k\right|^{1/2}}\exp\left[-\frac{1}{2}(y_{ijk}-\mu_{jk})'\sum_k^{-1}(y_{ijk}-\mu_{jk})\right] \tag{9-3}$$

式中：μ_{jk} 代表 k 环境条件下无性系 j 期望平均向量。

9.1.3.2　构建平均值曲线

传统的方差分析模型将时间作为一个离散变量，在不同时间点不同环境条件下对不同无性系的 $\mu_{jk}(t)$ 进行估算。该模型具有以下三个局限性：①当某时刻没有收集数据时，期望均值无法估计。例如2006年的E3、E2和E1；②$\mu_{jk}(t)$ 所有元素在估计过程中损失了大量的自由度，降低了统计力度；③估计手段无法捕捉生长轨迹，因此不能提供有关植物生长的重要生物学信息。

生长轨迹可以描述为具有生物学意义的数学函数，例如logistic和S曲线已经被看作为成年树生长模型。图9-1和图9-2是4个地点不同无性系在不同年份下树高和胸径的曲线图，统计检验表明(其中直径指数函数的 r^2 为87%，树高指数函数的 r^2 为82%)5年的林木生长轨迹与指数模型拟合程度非常高：

$$\mu_{ijk}(t) = a_{jk} * e^{b_{jk}t}, \tag{9-4}$$

式中：t 代表不同的测定时间点，$\Omega_{m_{jk}} = (a_{jk},\ b_{jk})$ 参数描述当 $t=0$ 时无性系 j 在地点 k 的最初生长量(a_{jk})和生长速率(b_{jk})。因此生长曲线 $\mu_{jk}(t)$ 是由参数 $\Omega_{m_{jk}}$ 决定的。优于重复方差分析模型，该模型可以利用简单增加时间点来估计丢失时间点期望平均值。此外，指数模型只需要估计在 T_k 时间点的 μ_{jk} 平均向量的两个参数，而重复方差分析估计需要评价 T_k 平均值。

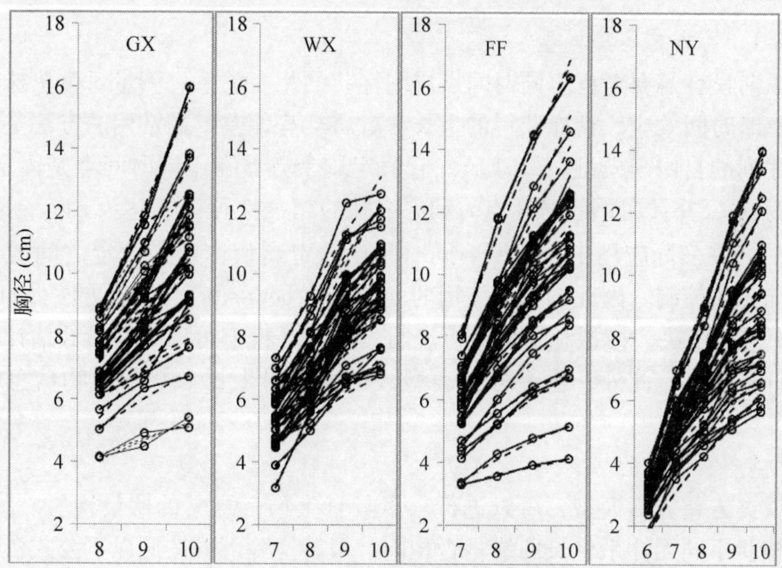

图9-1 不同地点白杨杂种无性系胸径

(—o—为观测值，………为模拟值)

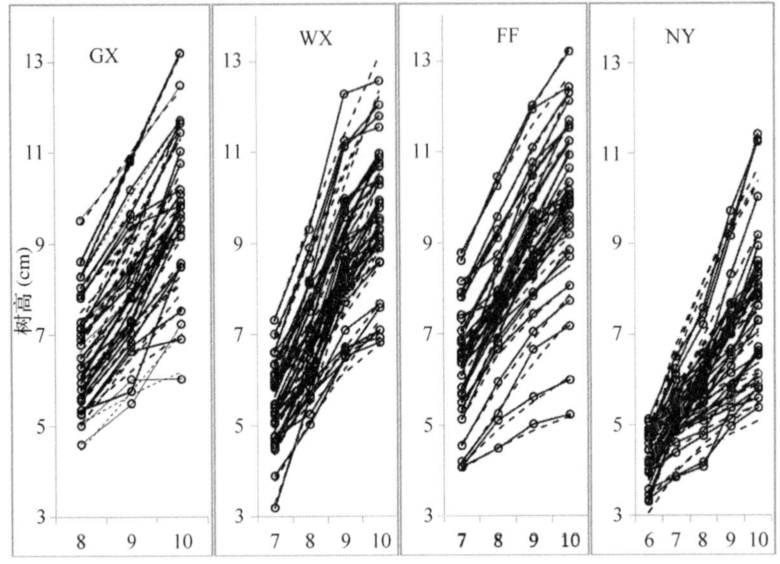

图 9-2 不同地点白杨杂种无性系树高

(—o—为观测值，………为模拟值)

9.1.3.3　协方差矩阵模型

纵向设计需要考虑不同时间点之间性状的相互关系。测量每个单株的过程中忽略时间效应，这样获得的生长参数将会有偏差。最常用的方法是满足第一序列的自回归模型(AR(1))。它假定剩余方差在不同时间点是固定的，表示为σ^2，并且在不同时间点t_1和t_2之间的相关性可以表达为$\rho(t_1, t_2) = \rho^{|t_2 - t_1|}$。在实际应用中，假设不同时间点固定剩余方差和固定之间的相关性可能无法控制。因此，我们使用的 transform-both-sides(TBS)方法(Carroll, 1984)进行解决。模拟和实例分析表明，该 TBS 模型可以提高参数估计的精度和计算效率。此外，通过分析表型数据而获得生长参数的生物信息学的解释。

9.1.3.4　假设检验

根据方差分析模型，可以进行很多具有生物有意义的假设检验。首先，可以检验不同无性系生长曲线是否相同，假设检验可以按照以下公式：

$$H0:(a_1,b_1) = (a_2,b_2) = \cdots = (a_l,b_l)\ vs\ H1: \textit{the mull hypothesis is not true.} \tag{9-5}$$

如果接受 H_0，那么不同无性系生长曲线相同，如果接受 H_1，则不同无性系生长曲线不同。

另外一个假设是如果想检验基因型与环境之间是否存在显著互作关系，那么假设可以写成以下公式：

$$H0:\begin{cases}(a_{11},b_{11}) = \cdots = (a_{14},b_{14})\,for\ 1^{st}\ RIL\ at\ environment\ 1,2,\cdots,4\\(a_{21},b_{21}) = \cdots = (a_{24},b_{24})\,for\ 2^{nd}\ RIL\ at\ environment\ 1,2,\cdots,4\\(a_{l1},b_{l1}) = \cdots = (a_{l4},b_{l4})\,for\ l^{th}\ RIL\ at\ environment\ 1,2,\cdots,4\end{cases} \tag{9-6}$$

$H1$: *at least one equation in the null hythopothesis does not hold*

在上述假设条件下，接受 H_1，则相同的无性系在不同环境条件下生长曲线不同。

9.1.3.5　模型应用于参数估计

利用 TBS 的方法，平均曲线转化为线性混合效应模型：$\log(y) = \log(a) + b*t + \log(e)$。利用 SASv9.3 中的 MIXED 程序构建 log－linear 模型，利用赤池信息量(Akaike information criterion，AIC)或贝叶斯信息量(Bayesian information crietreion，BIC)等评估模型拟合度和协方差矩阵(Littell，2006)。利用三型平方和进行假设检验并且利用最大似然法评价方差模型中的参数(a，b)。

9.2　结果分析

9.2.1　生长曲线的拟合结果

生长曲线符合指数函数，具体如图 9－1 和图 9－2 所示，具体树高和胸径的曲线模型参数评价见表 9-1 和表 9-2，假设检验表明不同无性系间各参数呈极显著差异($P < 0.01$)，E3 白杨杂种无性系最初胸径平均值为 2.984，E2 杂种无性系最初胸径平均值为 2.407 ，E1 杂种无性系最初胸径为 3.812，E4 杂种无性系最初胸径平均值为 3.028，不同地点生长速率也不同，E2 白杨杂种无性系胸径生长速率最快，达到 0.919，E3 其次，达到 0.769，再次是 E4，达到 0.697，E1 白杨杂种无性系生长速率最低，只有 0.632。从树高方面来看，E1 地点白杨杂种无性系最初(树龄为 0)树高平均值最大，达到 4.591，其次是 E4(4.140)和 E2(3.431)，最小为 E3(3.017)，树高生长速率 E3 最大，达到 0.742，其次是 E2(0.658)，之后是 E1(0.480)和 E4(0.355)。

对于无性系来说，无性系 BL 46 在 4 个地点最初胸径生长参数($\hat{a}$)最相近(E1 为 4.414 cm，E2 为 4.408 cm，E3 为 4.392 cm，E4 为 3.934 cm)，而无性系 BL 77 在 4 个地点均呈现最低值(E1 为 2.500，E2 为 0.777，E3 为

2. 689，E4 为 1. 882）。对于胸径生长速率参数($\hat{b}$)来说，无性系 BL 106 在 4 个地点呈现最高生长速率（E1 为 0. 787，E2 为 0. 990，E3 为 1. 154，E4 为 0. 822)，而无性系 BL 63 在 4 个地点生长速率最低（E1 为 0. 241，E2 为 0. 627，E3 为 0. 511，E4 为 0. 543）。

总的来说不同地点间无性系生长状况也差异极显著($P<0.01$)，E4 各无性系树高和胸径的生长量比其他三个地点无性系树高和胸径的生长量低（图 9－1 和图 9－2），从胸径估计参数平均值来说 E1 地点最初生长量($\hat{a}$)最高(3. 812)，E2 生长速率($\hat{b}$)最高(0. 919)(表 9-2)。对于树高来说，同样是 E1 的最初生长量($\hat{a}$)最高(4. 591)，E2 生长速率($\hat{b}$)最大(0. 742)(表 9-3)。

表 9-2　不同环境条件下胸径生长指数函数参数估计值

无性系	Initial growth ($\hat{a}$)				Growth velocity ($\hat{b}$)			
	E3	E2	E1	E4	E3	E2	E1	E4
BL 20	2. 226	1. 442	3. 914	2. 870	0. 961	1. 054	0. 645	0. 703
BL 22	2. 832	1. 597	3. 695	3. 124	0. 707	1. 137	0. 541	0. 683
BL 23	2. 637	3. 718	4. 373	3. 164	0. 930	0. 697	0. 657	0. 764
BL 26	3. 213	1. 886	4. 482	3. 102	0. 805	0. 957	0. 623	0. 708
BL 28	2. 534	3. 031	4. 180	2. 775	0. 856	0. 720	0. 556	0. 708
BL 30	2. 507	3. 068	3. 922	3. 343	0. 901	0. 774	0. 664	0. 586
BL 42	3. 970	3. 348	4. 205	3. 288	0. 662	0. 868	0. 677	0. 735
BL 46	4. 392	4. 408	4. 414	3. 934	0. 660	0. 661	0. 625	0. 778
BL 49	3. 363	2. 410	2. 692	2. 681	0. 755	0. 866	0. 987	0. 877
BL 50	4. 222	2. 818	4. 684	3. 185	0. 610	0. 827	0. 563	0. 726
BL 53	3. 454	2. 071	4. 034	3. 151	0. 614	0. 941	0. 525	0. 606
BL 63	2. 314	2. 082	2. 783	2. 546	0. 511	0. 627	0. 241	0. 543
BL 64	3. 590	2. 150	2. 782	3. 216	0. 544	0. 810	0. 691	0. 535
BL 67	2. 720	1. 367	3. 092	1. 811	0. 574	1. 170	0. 486	0. 771
BL 69	2. 752	2. 767	3. 378	3. 244	0. 750	0. 740	0. 651	0. 613
BL 76	3. 410	2. 292	2. 847	2. 465	0. 519	0. 754	0. 547	0. 609
BL 77	2. 689	0. 777	2. 500	1. 882	0. 409	1. 569	0. 455	0. 736
BL 78	2. 662	2. 512	5. 033	2. 646	0. 948	0. 965	0. 574	0. 817
BL 83	2. 409	2. 562	4. 482	2. 929	1. 001	0. 923	0. 649	0. 811
BL 85	3. 903	2. 376	3. 715	3. 499	0. 602	0. 900	0. 643	0. 693
BL 87	2. 296	1. 651	3. 298	3. 203	0. 947	1. 087	0. 745	0. 755

（续）

无性系	Initial growth ($\hat{a}$)				Growth velocity ($\hat{b}$)			
	E3	E2	E1	E4	E3	E2	E1	E4
BL 88	1. 967	2. 309	4. 167	3. 112	0. 921	0. 824	0. 589	0. 589
BL 98	3. 121	2. 848	4. 043	3. 008	0. 761	0. 795	0. 643	0. 556
BL 99	3. 721	2. 245	3. 469	2. 819	0. 442	0. 896	0. 435	0. 541
BL 101	2. 733	1. 516	3. 306	2. 527	0. 759	1. 154	0. 660	0. 646
BL 103	3. 129	2. 147	3. 819	3. 399	0. 720	0. 905	0. 630	0. 496
BL 104	2. 771	2. 503	3. 976	3. 632	0. 985	0. 938	0. 787	0. 783
BL 105	3. 048	2. 276	3. 447	2. 811	0. 930	1. 096	0. 918	0. 912
BL 106	2. 427	2. 725	4. 761	3. 713	1. 154	0. 990	0. 787	0. 822
BL 107	2. 510	3. 313	4. 879	3. 757	1. 138	0. 939	0. 767	0. 801
Mean	2. 984	2. 407	3. 812	3. 028	0. 769	0. 919	0. 632	0. 697
Minimum	1. 967	0. 777	2. 500	1. 811	0. 409	0. 627	0. 241	0. 496
Maximum	4. 392	4. 408	5. 033	3. 934	1. 154	1. 569	0. 987	0. 912

表 9-3　不同环境条件下树高生长指数函数参数估计值

无性系	Initial growth ($\hat{a}$)				Growth velocity ($\hat{b}$)			
	E3	E2	E1	E4	E3	E2	E1	E4
BL 20	2. 132	2. 317	5. 225	3. 796	0. 944	0. 716	0. 374	0. 378
BL 22	2. 532	2. 585	5. 034	3. 977	0. 753	0. 807	0. 325	0. 438
BL 23	2. 131	4. 297	5. 765	4. 184	0. 914	0. 448	0. 302	0. 325
BL 26	3. 583	2. 914	6. 026	3. 989	0. 725	0. 749	0. 385	0. 417
BL 28	2. 816	4. 624	5. 926	4. 133	0. 864	0. 468	0. 412	0. 401
BL 30	3. 311	4. 244	5. 629	4. 727	0. 666	0. 561	0. 358	0. 248
BL 42	3. 328	3. 431	3. 907	3. 999	0. 627	0. 717	0. 553	0. 400
BL 46	3. 983	4. 152	4. 555	4. 401	0. 518	0. 580	0. 419	0. 371
BL 49	3. 668	3. 401	3. 400	3. 393	0. 614	0. 608	0. 729	0. 542
BL 50	4. 178	3. 154	5. 319	4. 453	0. 492	0. 654	0. 334	0. 334
BL 53	2. 257	2. 483	3. 385	4. 490	0. 810	0. 813	0. 602	0. 195
BL 63	3. 318	3. 437	3. 359	3. 977	0. 389	0. 423	0. 270	0. 294
BL 64	4. 480	3. 428	4. 432	4. 829	0. 519	0. 718	0. 519	0. 275
BL 67	2. 513	2. 304	3. 059	3. 091	0. 686	0. 949	0. 586	0. 358

（续）

无性系	Initial growth（$\hat{a}$）				Growth velocity（$\hat{b}$）			
	E3	E2	E1	E4	E3	E2	E1	E4
BL 69	2. 310	4. 322	4. 723	4. 701	0. 879	0. 473	0. 473	0. 258
BL 76	3. 216	4. 274	4. 157	4. 199	0. 574	0. 309	0. 414	0. 212
BL 77	1. 697	1. 373	3. 116	3. 864	0. 885	1. 263	0. 413	0. 214
BL 78	2. 544	3. 670	5. 677	3. 281	0. 928	0. 675	0. 445	0. 575
BL 83	2. 061	3. 260	4. 821	3. 649	1. 015	0. 684	0. 522	0. 496
BL 85	4. 878	2. 897	4. 646	4. 469	0. 447	0. 830	0. 481	0. 376
BL 87	2. 755	3. 158	4. 360	4. 475	0. 822	0. 693	0. 542	0. 383
BL 88	1. 921	3. 506	4. 489	4. 135	0. 881	0. 438	0. 480	0. 221
BL 98	2. 674	4. 078	4. 646	4. 216	0. 787	0. 506	0. 464	0. 179
BL 99	2. 890	3. 227	2. 718	3. 380	0. 552	0. 604	0. 613	0. 256
BL 101	1. 854	2. 771	3. 273	3. 929	1. 017	0. 723	0. 693	0. 269
BL 103	1. 861	2. 941	3. 962	4. 644	0. 986	0. 597	0. 555	0. 184
BL 104	5. 275	4. 483	6. 654	4. 883	0. 530	0. 623	0. 400	0. 470
BL 105	3. 868	3. 300	3. 591	3. 819	0. 690	0. 820	0. 768	0. 547
BL 106	3. 440	4. 205	6. 223	4. 531	0. 832	0. 662	0. 471	0. 513
BL 107	3. 046	4. 693	5. 646	4. 591	0. 910	0. 639	0. 484	0. 524
Mean	3. 017	3. 431	4. 591	4. 140	0. 742	0. 658	0. 480	0. 355
Minimum	1. 697	1. 373	2. 718	3. 091	0. 389	0. 309	0. 270	0. 179
Maximum	5. 275	4. 693	6. 654	4. 883	1. 017	1. 263	0. 768	0. 575

9. 2. 2 基因型与环境互作关系

基因型与环境之间的相互作用差异极显著（$P<0.01$）。在 E3、E2 和 E4 无性系 BL 107 树高和胸径均具有最高值，在 E1 也较高，但是低于 BL 106。在 E3 无性系 BL 77 胸径最小，但是在 E2，E1 和 E4，无性系 BL 63 胸径最小；在 E3、E2 和 E1 无性系 BL 63 树高最低，但是在 E4，无性系 BL 99 树高最小。对无性系 BL 107 和无性系 BL 63 进行作图比较，具体见图 9 –3 和图 9 –4，无性系 BL107 在不同地点，不同时间树高和胸径明显高于无性系 BL 63，在 E1 地点无性系 BL107 生长显著高于无性系 BL63，明显可以看出 2 个无性系在生长过程中基因型与环境之间的互作。

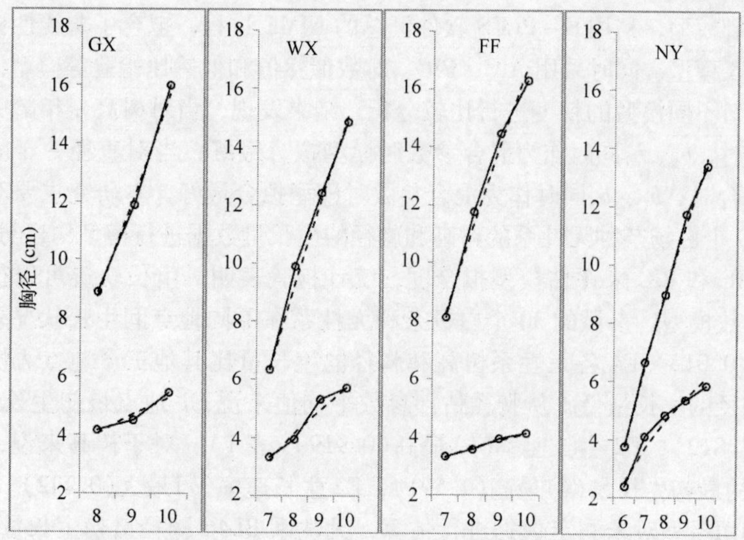

图9-3　无性系 BL63(下)和 BL107(上)不同时间(2006~2010年)不同地点的胸径
(-o-为观测值，……为模拟值)

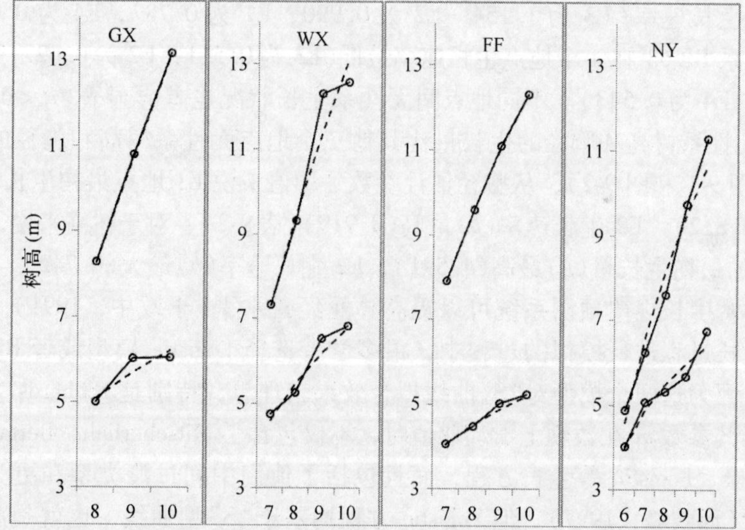

图9-4　无性系 BL63(下)和 BL107(上)不同时间(2006~2010年)不同地点的树高
(-o-为观测值，……为模拟值)

9.3　结论与讨论

姜立春等(2012)以80株落叶松解析木数据为例，采用 Richards 生长模型作为基础模型，利用 S－PLUS 软件汇总的 NIME 过程，拟合了非线性树高和直径生长模型，同时采用 AIC、BIC、对数似然值和似然比检验等模型评价统计指标对不同模型的精度进行比较分析。结果发现，当对树高－年龄关系进行拟合时，b_1、b_3同时作为混合参数时模型拟合最好；当对直径－年龄关系进行拟合时，b_1、b_3同时作为混合参数时模型拟合最好。本研究主要对不同地点 30 个白杨杂种无性系的树高和胸径的生长量数据进行模型构建与分析，采用 AIC 和 BIC 来评估模型拟合度，统计检验表明，生长轨迹可以很好地适应指数模型。参试的 30 个白杨杂种无性系在不同地点间生长状况差异显著($P<0.01$)，E4 各无性系树高和胸径的生长量比其他三个地点无性系树高和胸径的生长量低，从胸径估计参数平均值来说 E1 地点最初生长量($\hat{a}$)最高(3.812)，E2 生长速率($\hat{b}$)最高(0.919)(表 1)。对于树高来说，同样是 E1 的最初生长量($\hat{a}$)最高(4.591)，E2 生长速率($\hat{b}$)最大(0.742)。

利用模型对未测定数据进行估算，无性系 BL46 胸径最初生长量(树龄为 0)在 4 个地点最接近，而无性系 BL77 在 4 个地点最初生长量则为最低(树龄为 0)。对于胸径生长速率参数($\hat{b}$)来说，无性系 BL 106 在 4 个地点呈现最高生长速率(E3 为 1.154，E2 为 0.990，E1 为 0.787，E4 为 0.822)，而无性系 BL 63 在 4 个地点生长速率最低(E3 为 0.511，E2 为 0.627，E1 为 0.241，E4 为 0.543)。不同地点间无性系生长状况也差异显著($P<0.01$)，E4 各无性系树高和胸径的生长量比其他三个地点无性系树高和胸径的生长量低(图 9-1 和图 9-2)，从胸径估计参数平均值来说 E1 地点最初生长量($\hat{a}$)最高(3.812)，E2 生长速率($\hat{b}$)最高(0.919)(表 9-2)。对于树高来说，同样是 E1 的最初生长量($\hat{a}$)最高(4.591)，E2 生长速率($\hat{b}$)最大(0.742)。

林木生长规律预测系统可以提高林业经营水平(于政中，1991)。在对苗期生长过程进行模拟的过程中，很多学者选择 Logistic 模型或者 Richards 模型，因为这两个模型对“S”曲线拟合效果较理想，特别是 Richards 生长方程，当其参数 m 在数轴上滑动取值时，不仅包含了 Mitscherlich、Bertalanffy、Gompertz、Logistic 等生长方程，而且包括了他们中间过渡类型和更为广义的形状(邢黎峰，1997)。但 Logistic 方程均基于“S”型曲线，也就是需要达到一个周期(速生前期、速生期、速生后期)，本研究中指数模型的构建，不但可以对已知生长过程进行动态模拟，还可以根据几年的生长性状对将来生长趋势进行预测，为无性系早期选择和评价提供了一种新的方法与思路。

第 10 章

白杨杂种无性系 SSR 标记指纹图谱构建

杨树属杨柳科(Salicaceae)、杨树属(*Populus*)，包含约 100 多个种，分布广泛。过去多年来，杨树分类主要采用形态学标记、细胞学标记、同工酶标记等，其中形态学标记、细胞学标记具有一定的局限性，而同工酶技术检测到的位点则相对较少，多态性水平较低，对亲缘关系较近的品种鉴别能力较差。分子标记是在生化标记后发展起来的以 DNA 多态性为基础的新一代遗传标记，从 Botstein 等(1980)首次提出 DNA 限制性片段多态性作为遗传标记的思想以及 PCR 技术至今，已经发展了数十种基于 DNA 多态性的分子标记技术。在杨树中，常用的分子标记为 RFLP(卢孟柱等，1992)、AFLP(宋红竹等，2007)、RAPD(Castiglione et al，1993)和 SSR。其中，SSR 标记是一类基于 PCR 技术的分子标记，这类分子标记由几个核苷酸(2～4 个)为重复单位，随机分布于每个基因组中微卫星区域。SSR 标记有以下特点：数量较丰富，几乎覆盖整个基因组；具有多等位基因特性，提供的信息高；以孟德尔方式遗传，呈共显性；易于 PCR 技术分析，对 DNA 量要求不高，结果重复性好；每个位点由引物序列顺序决定，便于交换(梁海永等，2005)。SSR 分子标记的手段广泛应用于作物品种鉴定和遗传多样性分析中(Babayeva et al，2009；Wei et al，2009；Benor et al，2008；Shehata et al，2009；Naghavi et al，2009)。在杨树育种中，卫尊征等(2008)利用 SSR 分子标记对杂交亲本毛新杨和小叶杨进行多态性筛选，并对其中两对引物进行了杂交子代的 SSR 扩增分析，结果表明杂交子代显示出双亲间的杂种类型谱带，证明白杨和青杨派间的杂交可配性。张亚东等(2009)利用 12 对 EST－SSR 引物对湖北省内主要栽培的 8 个黑杨品种进行分子鉴定，结果仅用 4 对 EST－SSR 引物就能将 8 个亲缘关系较近的黑杨品种区别开，表明杨树 EST－SSR 标记可以用于新品种鉴定及遗传多样性分析。分子标记被认为是进行遗传变异评价的理想手段和方法。

本章利用 SSR 分子标记技术绘制了 30 个白杨杂种无性系指纹图谱，同时对无性系间的遗传相似系数与遗传距离进行计算，探讨了这些无性系间在

DNA 分子水平上的遗传变异，为将来的林木品种鉴定以及育种工作提供科学的理论依据。

10.1 材料与方法

10.1.1 试验材料概况

试验材料包括30个白杨杂种无性系。

10.1.2 提取 DNA 的方法

具体试验过程参照张德强(2002)中描述的方法进行。

10.1.2.1 DNA 所需溶液的配制

(1)1mol/L Tris - HCl 1L：800ml 重蒸水中加入 121.1g Tris，用 HCl 调 pH 至8.5后定容至1L，灭菌；

(2)0.5mol/L EDTA pH8 1L：800ml 重蒸水中加入 186.1g EDTA - Na_2 · $2H_2O$，用 NaOH 调 pH 至8.0，定容 1L。

(3)20% SDS 100ml：在 90ml 重蒸水中加入 10g SDS，加热至68℃助溶，用盐酸调节酸碱度至 pH7.2，定容至 100ml。

(4)5mol/L NaCl 1L：750 ml 重蒸水中加入 292.2g NaCl，溶解后定容 1L，灭菌。

(5)DNA 提取缓冲液：

100 mmol/L Tris - HCl　pH 8.5
100 mmol/L NaCl
50 mmol/L　EDTA　pH 8.0
2%　SDS
用 NaOH 调 pH 为9.0

(6) 100 × TAE 1L：800ml 重蒸水中加入 121.1g Tris，37.2g EDTA - Na_2 · $2H_2O$，用 HCl 调 pH 至8.0，定容，灭菌。

(7) 50 × TAE 1L：500ml 蒸馏水中加入 242g Tris，溶解后加 100ml 50 mmol/L EDTA(pH8.0)和 57.1ml 冰醋酸，定容。

(8)RNase(去 DNA 酶的 RNA 酶)：用重蒸水溶解 RNase，终浓度 10mg/ml，煮沸 20min，缓慢冷却，分装，-20℃保存。

(9)5mol/L 醋酸钾 100ml pH7.0：称取 29.4g 醋酸钾，溶于 60ml 重蒸水中，溶解后再加入 11.5ml 醋酸，用重蒸水定容至 100ml。

10.1.2.2 DNA 提取和纯化

(1)取 0.5g 叶片，用液氮研磨成粉末后放入到 2ml 离心管中，加入 1ml

预热的DNA提取缓冲液。

(2)加入β-巯基乙醇20？ l混匀，65℃水浴30~60min。

(3)加入200μl 5mol/L的KAc混匀，水浴20min，12000 rpm离心15min。

(4)取上清加等体积苯酚:氯仿:异戊醇(25:24:1)混合液，5min后12000 rpm离心10min。

(5)取上清液加入等体积氯仿:异戊醇(24:1)抽提，10000rpm离心10min。

(6)取上清加等体积异丙醇(-20℃冰箱提前预冷0.5h以上)沉淀DNA。

(7)放于-20℃冰箱30min，12000 rpm离心10min，弃上清，用70%乙醇冲洗2次。

(8)控干，加300μl 1×TAE，完全溶解(50℃水浴10min助溶)。

(9)加入2μl RNA酶于管中，放在37℃水浴中1h。

(10)加入等体积苯酚:氯仿:异戊醇(25:24:1)混合液，5min后10000 rpm离心10min。

(11)吸取上清液置于另一个1.5ml离心管中。

(12)加入等体积的氯仿:异戊醇(24:1)混合液，5min后10000 rpm离心10min。

(13)吸取上清液置于1.5ml离心管中，加1/10体积3mol/L NaAc。

(14)加入2倍体积无水乙醇(-20℃冰箱提前预冷)混合，放入-20℃冰箱30min。

(15)12000 rpm离心10min，弃上清，用70%乙醇冲洗2次。

(16)倒立控干，加100μl 1×TAE溶解，放于-20℃冰箱备用。

10.1.2.3　DNA检测

用紫外分光光度计(Pharmcia，ULTROSPEC Ⅲ)测定DNA浓度，并取少量DNA样品用0.8%的Agrose胶检测所提DNA的质量。

10.1.3　SSR分子标记技术分析

10.1.3.1　引物设计

本试验中的39对引物是在IPGC(International Populus Genome Consortium)机构的SSR引物库内选取，由上海英俊生物技术有限公司合成，具体引物序列见表10-1。

表 10-1 SSR 引物序列

引物名称	引物序列(5'－3')(F 和 R)(F and R)	预期产物长度	重复序列	重复次数
GCPM_ 1010－1	AATTATGAACCGACGCTAAA ACAATGATGGATGAAATGAA	187	at	21
GCPM_ 1013－1	TGCTCCACTCAATGTCAATA GACGGTGATAAGAGGAACTG	207	ta	12
GCPM_ 1017－1	GTTTAATTCCCACGTCGTTA CGAATGAAGAAAAACCATTC	183	gt	11
GCPM_ 1019－1	CAGGTCCGTAGCACTATTTC GCTCAAATGGACATCAAAGT	208	taa	6
GCPM_ 10－2	CAGGTTATACTCCCGACTTG GGCAGATTTTTCATCCTTTT	215	ata	4
GCPM_ 1025－1	AAGGTGCTCCCACTTACTTT TGTGGCTAGGTAGTTTGGTT	183	at	16
GCPM_ 1026－1	TGAACAATAGGGAGGTGAAC TGGATCCTCTAACCTTGACA	171	taa	7
GCPM_ 1028－1	ATCTAAACCAGCCACAGAAA ACAGGTGGCCTATGATACTG	191	ttc	8
GCPM_ 1032－1	TGTGCATTCCTTCTCTCTCT GCCTATAAATGGGCTTGTAA	110	ta	18
GCPM_ 1034－1	CTAAAAGCCTAATTGCCTGA AACATAACATGGGTTTCAGC	220	tc	9
GCPM_ 1036－1	AAGTGGAATATTCGCCAAC GCTGGGATGGATCTAGAAA	224	ta	14
GCPM_ 1043	TTTCCATGTAGTATTACTCCTTTCT ATGCGTACCTTAGTGGAAGA	154	at	21
GCPM_ 1049－1	GAGCATTTAGGTCAAACCTG TGATACTGGAAAGTGGGTTC	170	gga	6
GCPM_ 1053－1	AAAAATGATAACCAGGAAAAA TCGAGTTATCTCAGCCTCAT	211	ta	14
GCPM_ 1063	AGTTAATTGCGCATGTTCTT AAACAAACTCCAGCAAACAT	165	ca	16
GCPM_ 1064－1	TGTTGATTCATGCTGTGTTT CTCCATTAACCATCACATCC	177	ta	10
GCPM_ 1068－1	CAATATACCTCGTAAAATTAAAACTG GGCTAAAGTCTCTGACATGG	208	ga	10

（续）

引物名称	引物序列(5'－3')(F和R)(F and R)	预期产物长度	重复序列	重复次数
GCPM_ 1068－2	CTATCCACACACAAAACACG GATTGAGCTGAAGAGTGGAG	152	atcg	4
GCPM_ 1070－1	AGTGCAGAGAGCAAGAGAAG GAATCAATACCAAGAAAGAGC	121	ct	4
GCPM_ 1072－2	AGGAAAACAAAGGAGAGGAG ATGCTTAAAAGGGGATCTCT	137	ttta	6
GCPM_ 1083－1	TCCAAATTTTAATTCATCCTTC TCATAACCCAATTTTTGACC	150	att	7
GCPM_ 1092－1	TTCTAAATATAAGATAACCAATGAATG TATTCCCGCTTGTAATTCCT	229	ta	9
GCPM_ 1093－1	AACCATTCACCATCTCACAT CTCTCTCTCTCTCTCTCTCTCT	176	gt	15
GCPM_ 1－1	ACCCTCAAAAATATGTGGTG GGTGCTAATACCTTCCCTTT	194	at	10
GCPM_ 1100－1	GAAGAGCTAGAATCTTGAGATGA TATCATCAAACGAAACCCTC	203	ta	23
GCPM_ 1109－1	TTTCAAAGTCACTTGAGGCT GCCTTTGGCTAAAGATCAG	216	at	31
GCPM_ 1117－1	TGCAAAAGGTATTTCAACAA ATAAACATTGGGTTGTGGTT	169	ata	8
GCPM_ 1123－1	GAGCCGGTGATGAACTAATA TCTTGATGTGCTAAAATAATTAAAA	229	at	17
GCPM_ 1131	GCTTTATGAGTTTGCCTTTG ATCCGATGAGTGAAAAACAC	179	tg	12
GCPM_ 113－1	TTGAGTAGAAATGAGGGGAA TAAAACCAAGGGAAGATGTG	199	ct	7
GCPM_ 1143－1	ATGAAGGGAAGGAAGAGAAG TAAAACCAAGGGAAGATGTG	185	tc	14
GCPM_ 1153－1	TTCCTTTCACACAATGACAA TTTAAAAACTGGGTCCGTAA	162	ctt	8
GCPM_ 1154－2	TTCACCAATCAAAACTTTCC CTACCGACTTAGACACAGCC	161	acc	8
GCPM_ 1171－1	TTAAACTAGAATAACGGCGG TTAGATCAAGGATGGGTgAC	124	gag	10

（续）

引物名称	引物序列(5'-3')(F 和 R)(F and R)	预期产物长度	重复序列	重复次数
GCPM_ 1172-1	GTTGCCTACTCGTTTGTCTC GGAAAATATGGTGGTGCTAA	229	ct	18
GCPM_ 118-1	TccAGaAAAATGGTGGTAAC ATACAtTGCCCATCCTTTTA	225	ag	9
GCPM_ 1183-1	AAAAGGACATTGGACATTTG TTGTAGAGGCTGAGCTTTTC	130	at	9
GCPM_ 119-1	CAAATGGTTTTCTTTATCGG TCATCAGCTTGTACATCAGC	189	ac	9
GCPM_ 1192	CATGCATCATTAGAGAAGAGG TAATTGGTGAATCAAAGCCT	199	ac	9

10.1.3.2　PCR 扩增

将 DNA 原液稀释成 20ng/μl，要保证 DNA 模板的质量。PCR 反应体系如下：

PCR buffer(10×)	2.0 μl
Taq DNA polymerase(2U/μl)	0.5 μl
DNA	2.0 μl
DDH_2O	14.0 μl
dNTP(25mM/μl)	0.5 μl
primer M_{00}(20 mmol / μl)	1.0 μL
primer E_{00}(20 mmol / μl)	1.0 μL
Total volume	20.0 μl

PCR 扩增程序：

Process1：94℃	3min
Process2：94℃	30S
57℃	30S
72℃	30S

Run：35cycles

Process3：72℃	5min
Process4：10℃	forever

扩增后产物在 4℃ 下保存备用。

10.1.3.3　变性聚丙烯酰胺凝胶电泳

(1) 配制电泳所需溶液

①6% PA 胶：

Urea	420.42g
Acr	57.00g
Bis	3.00g
10×TBE	100ml
定容	1000ml，过滤

②10×TBE

Tris	108g
Bori acid	55g
0.5mol/L EDTA(pH8)	37.25ml
定容	1000ml

③0.5mol/l EDTA

186.1g EDTA－Na_2·$2H_2O$，用 NaOH 调至 pH8.0，定容1L，灭菌。

④20% APS

APS	4g
DDH_2O	16g
	－20℃保存

⑤Loading buffer

98% Formamide	49ml(100%)
10mmol/L EDTA(pH8.0)	1ml (0.5mol/L，pH8)
0.25% Bromophenol Blue	0.125g
0.25% Cynol	0.125g
4℃保存	

⑥1×TBE

10×TBE 200ml

H_2O 1800ml

(2) 制备变性聚丙烯酰胺凝胶　用去污剂洗玻璃板，梳子和压条，之后蒸馏水冲洗，擦干，再用无水乙醇擦干，晾干。将剥离硅烷均匀涂抹于耳朵板上，晾干；将亲合硅烷溶液(无水乙醇3ml＋冰醋酸20μl＋亲合硅烷20μl)均匀涂抹于长玻璃板上，晾干。添加压条，装好耳朵板和长玻璃板，用夹子夹紧；将配好的胶(80ml 6%凝胶＋75μl TEMED＋200μl 20% APS)轻轻混匀，把胶沿灌胶口轻轻灌入两玻璃板空隙之间，待胶流到底部，在灌胶口插入梳子，放置约2h。

（3）扩增产物变性　在扩增产物中加入 5μl Loading Buffer，95℃变性 5min 后立即放于冰浴中待用。

（4）预电泳　拔掉梳子，用清水清洗玻璃板中插梳子处的残胶；装板于电泳槽中，加 1×TBE 电泳缓冲液，恒功率 95W 约 30min，随时清除胶面沉积的尿素和气泡，插入样品梳子。

（5）电泳　在样品梳子间隙中加入变性样品 DNA4. 5μl，电泳，当溴酚兰指示剂泳动到玻璃板下沿时停止电泳，小心分开两块玻璃板，胶会紧贴涂有亲和硅烷的玻璃板上。

（6）扩增产物的银染显色　将胶板放入 3L 10% 的冰醋酸中，轻轻摇晃 30min，直至指示剂脱色。之后用 3L 的蒸馏水冲洗 10min。再放入银染液中（3L 蒸馏水中加入 3g $AgNO_3$ 和 4. 5ml 甲醛），轻轻摇动 30min。再用蒸馏水冲洗 10min，放入冷的显影液（90g 无水碳酸钠溶解于 3L 蒸馏水，置于 4℃预冷，显影时加入 4. 5ml 甲醛和 1ml 浓度为 10mg/ml 的硫代硫酸钠）中，至 DNA 条带出现。将胶板拿出放入 10% 的醋酸固定并摇晃 5min。用蒸馏水冲洗胶板 1min，拿出胶板，在室温下自然干燥。

10. 1. 4　结果记录

对扩增谱带进行记录，按 0 和 1 分别代表同一位置扩增片段的无和有，把所有引物对材料扩增的结果转化为 0 和 1 代表的数字图谱。

10. 1. 5　数据统计分析

10. 1. 5. 1　多态性分析

多态性（%）= 扩增多态性片段数/总扩增片段数 ×100%

$$= (N_i + N_j - 2N_{ij}) / (N_i + N_j - N_{ij})$$

其中：N_{ij}表示样本 i 和 j 的公共带数，N_i、N_j分别代表样本 i、j 的带数。

10. 1. 5. 2　相似系数和遗传距离

采用 Nei（1979）的遗传相似系数（Genetic Similarity，GS）。

计算公式为：

$$GS = 2N_{ij} / (N_i + N_j)$$

遗传距离：

$$D = 1 - GS$$

10. 2　结果与分析

10. 2. 1　引物筛选

随机选用 4 个样品对 39 对 SSR 引物进行筛选，结果表明 18 对引物组合能得到PCR扩增产物，但是不同的引物组合对PCR扩增的谱带多少各不相同(图10－1)，选择了16对可扩增出清晰可辨条带的引物进行SSR标记分析(表10-2)。16对引物组合共扩增出40条多态性DNA条带，每对引物扩增的DNA条带的数目为2~6条，平均为2.5条。扩增出的DNA带的大小在100~600bp之间。如引物GCPM_ 118－1在杨树无性系间的扩增情况如图10－2所示。

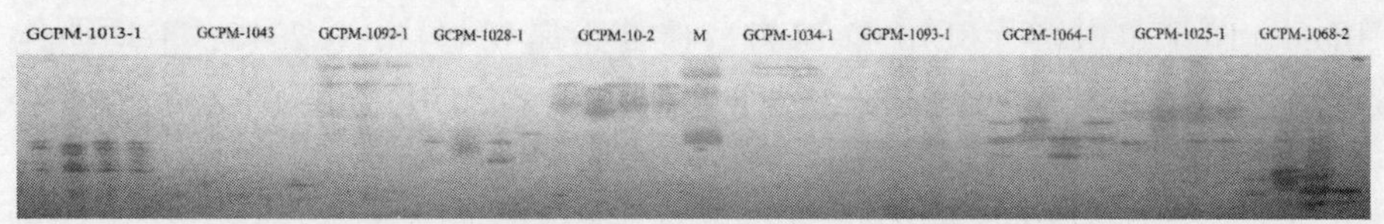

图10－1 不同引物组合在无性系中扩增情况
(4个无性系为BL20、BL77、BL104、BL106)

表10-2 选择的16对引物在白杨杂种无性系中的扩增情况

引物名称	扩增带数	引物名称	扩增带数
GCPM_ 1143－1	2	GCPM_ 10－2	2
GCPM_ 113－1	2	GCPM_ 1068－2	2
GCPM_ 1025－1	6	GCPM_ 1092－1	2
GCPM_ 1063	2	GCPM_ 1017－1	2
GCPM_ 1070－1	2	GCPM_ 1171－1	2
GCPM_ 1028－1	3	GCPM_ 1072－2	4
GCPM_ 118－1	2	GCPM_ 1026－1	2
GCPM_ 1013－1	3	GCPM_ 1064－1	2

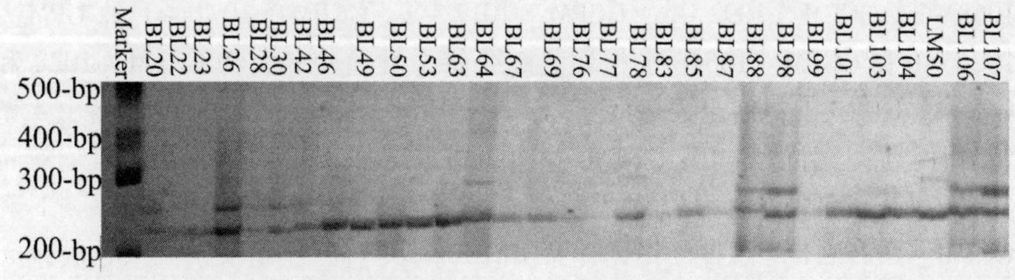

图10－2 引物GCPM_ 118－1在白杨杂种无性系扩增情况

10.2.2 白杨杂种无性系遗传距离分析

根据16对引物数据计算的结果，分析了30个白杨杂种无性系间的遗传相似系数和遗传距离(表10-3)。白杨派试验材料中包括9个杂交组合(其中杂交组合7、组合8只有一个无性系)，第1个杂交组合(银腺杨1×新疆杨)包括无性系BL20、BL22、BL23、BL26、BL28和BL30，这6个杂种无性系间遗传距离处于0.1235~0.2716之间，平均遗传距离为0.1802；第2个杂交组合(毛新杨1×84K)包括无性系BL42、BL46、BL49、BL50和BL53，这5个杂种无性系间遗传距离0.0988~0.1975，平均遗传距离为0.1728；第3个组合(银毛杨×新疆杨)包括6个无性系，分别是BL63、BL64、BL67、BL69、BL76和BL77，遗传距离0.1111~0.2346，平均遗传距离为0.1621；第4个杂交组合(毛新杨1×LM50)包括的2个无性系(BL78、BL83)的遗传距离为0.1358；第5个杂交组合(银腺杨2×新疆杨)包括3个无性系(BL85、BL87、BL88)，平均遗传距离为0.0988，变化范围为0.0864~0.1111；第6个杂交组合(银白杨×新疆杨)包括3个杂种无性系(BL98、BL99、BL101)，平均遗传距离为0.1317，变化范围为0.1235~0.1358；第9个杂交组合(毛新杨2×截叶毛白杨)包括2个杂种无性系(BL106、BL107)，遗传距离为0.1235。研究结果表明，第一个杂交组合和第五个杂交组合父本和母本均是银腺杨，但父本不是同一单株，子代遗传距离分别为0.1802和0.0988，差异很大，表明不同单株杂种变异较大。总之白杨派杂交组合间变化范围为0.0864~0.2716，平均遗传距离为0.1436。

10.2.3 白杨杂种无性系指纹图谱的构建

用数字0和1表示每个无性系DNA扩增条带的有或无，经过统计得到0和1组成的无性系数字指纹图谱。指纹图谱就如同身份证一样可以准确的区分各个品种(张建华等，2006)。本试验利用16对SSR引物对亲缘关系较近的白杨杂种无性系进行指纹图谱构建。引物GCPM_ 1143-1、GCPM_ 113-1、GCPM_ 1063、GCPM_ 1070、GCPM_ 118-1、GCPM_ 10-2、GCPM_ 1068-2、GCPM_ 1092-1、GCPM_ 1017-1、GCPM_ 1071-1、GCPM_ 1026-1和GCPM_ 1064-1扩增出2条特异性谱带。引物GCPM_ 1028和GCPM_ 1013-1扩增出3条特异性谱带，引物GCPM_ 1072-2扩增出4条特异性谱带。引物GCPM_ 1025-1扩增出的谱带最多，达6条，且均有特异性。利用不同引物可以对无性系进行区分。引物GCPM_ 1028-1和GCPM_ 1025-1可以直接将无性系BL107与其它无性系区别开来，其余无性系需要通过多对引物组合的方式鉴别。引物GCPM_ 1143-1虽然只扩增出2条谱带，但可以把无性系BL46、BL53、BL78和BL104与其它无性系区分开来。引物GCPM_ 113-1首先把无性系BL22、BL53、BL69、BL78、BL104与其它无性系进行区分，之后把无性系BL20、BL23、BL46、BL50、BL63、BL64、BL67与其它无性系进行区分。引物GCPM_ 1063对无性系

表 10-3 白杨杂种无性系遗传相似系数(左下部分)和遗传距离(右上部分)

无性系	BL20	BL22	BL23	BL26	BL28	BL30	BL42	BL46	BL49	BL50	BL53	BL63	BL64	BL67	BL69	BL76	BL77	BL78	BL83	BL85	BL87	BL88	BL98	BL99	BL101	BL103	BL104	LM50	BL106	BL107
BL20	—	0.1481	0.1235	0.1975	0.1728	0.1481	0.1605	0.1852	0.1605	0.1605	0.2346	0.1852	0.1605	0.1111	0.1975	0.2099	0.1852	0.2222	0.1605	0.1605	0.1358	0.1481	0.1728	0.1605	0.1728	0.1481	0.2099	0.2099	0.1728	0.1481
BL22	0.8519	—	0.1728	0.2222	0.1482	0.1795	0.2099	0.1852	0.1605	0.2099	0.1852	0.1605	0.2346	0.0864	0.1481	0.1605	0.2099	0.1975	0.1852	0.2346	0.2099	0.2469	0.1975	0.2099	0.2222	0.1728	0.1852	0.2593	0.2222	0.2469
BL23	0.8765	0.8272	—	0.1728	0.1728	0.1728	0.1358	0.1605	0.1605	0.1111	0.2099	0.1605	0.1605	0.1358	0.1728	0.1605	0.1605	0.2469	0.1605	0.1605	0.1605	0.1728	0.1481	0.1358	0.1988	0.0988	0.1852	0.2099	0.1481	0.1975
BL26	0.8025	0.7778	0.8272	—	0.2716	0.2222	0.1358	0.2099	0.2346	0.2346	0.3086	0.2099	0.1605	0.2346	0.2716	0.2346	0.1605	0.2963	0.2840	0.1852	0.1111	0.1728	0.1481	0.1111	0.1728	0.1975	0.2593	0.1582	0.1728	0.2222
BL28	0.8272	0.8518	0.8272	0.7284	—	0.1481	0.2346	0.1605	0.1358	0.2346	0.1358	0.1605	0.1852	0.1358	0.0741	0.1358	0.2346	0.1481	0.1605	0.2346	0.2099	0.2222	0.2222	0.2099	0.2222	0.0988	0.1358	0.2840	0.2222	0.2469
BL30	0.8519	0.8205	0.8272	0.7778	0.8519	—	0.1605	0.0864	0.0617	0.1605	0.1852	0.1111	0.1358	0.1605	0.1235	0.1605	0.2346	0.1728	0.1358	0.1852	0.1852	0.1235	0.1481	0.2099	0.1728	0.1728	0.1358	0.2099	0.2222	0.1975
BL42	0.8395	0.7901	0.8642	0.8642	0.7654	0.8395	—	0.1728	0.1728	0.0988	0.2716	0.1235	0.1975	0.2222	0.2099	0.2222	0.1481	0.2099	0.1728	0.1481	0.0988	0.1605	0.1111	0.1728	0.1605	0.1852	0.2222	0.1481	0.1852	0.2346
BL46	0.8148	0.8148	0.8395	0.7901	0.8395	0.9136	0.8272	—	0.0988	0.1975	0.1975	0.0988	0.1728	0.1975	0.1605	0.1975	0.1975	0.1852	0.1728	0.1975	0.1728	0.1852	0.1111	0.2222	0.1605	0.1852	0.1481	0.2222	0.1852	0.2346
BL49	0.8395	0.8395	0.8395	0.7654	0.8642	0.9383	0.8272	0.9012	—	0.1728	0.1235	0.0988	0.1728	0.1481	0.0864	0.0988	0.1975	0.1358	0.1235	0.1235	0.1728	0.1358	0.1358	0.1728	0.1852	0.1358	0.0988	0.2222	0.2346	0.2346
BL50	0.8395	0.7901	0.8889	0.7654	0.7654	0.8395	0.9012	0.8025	0.8272	—	0.2222	0.0988	0.1975	0.1728	0.1852	0.2222	0.1975	0.2099	0.0988	0.1481	0.1728	0.1605	0.1358	0.1728	0.1605	0.1852	0.2222	0.1728	0.1852	0.2593
BL53	0.7654	0.8148	0.7901	0.6914	0.8642	0.8148	0.7284	0.8025	0.8765	0.7778	—	0.1728	0.2222	0.1484	0.0864	0.0741	0.2716	0.0864	0.1728	0.1975	0.2716	0.2346	0.2346	0.2222	0.2346	0.1605	0.0617	0.2716	0.2593	0.2593
BL63	0.8148	0.8395	0.8395	0.7901	0.8395	0.8889	0.8765	0.9012	0.9012	0.9012	0.8272	—	0.1728	0.1481	0.1111	0.1481	0.1728	0.1358	0.0988	0.1481	0.1481	0.1852	0.0864	0.1728	0.1605	0.1605	0.1481	0.1728	0.1852	0.2346
BL64	0.8395	0.7654	0.8395	0.8395	0.8148	0.8642	0.8025	0.8272	0.8272	0.8025	0.7778	0.8272	—	0.1975	0.1852	BL640.1975	0.1235	0.2346	0.1975	0.1481	0.1481	0.1358	0.1358	0.1235	0.1358	0.1358	0.1728	0.1955	0.1358	0.1852
BL67	0.8889	0.9136	0.8642	0.7654	0.8642	0.8395	0.7778	0.8025	0.8519	0.8272	0.8516	0.8519	0.8025	—	0.1358	0.1235	0.1975	0.1852	0.1481	0.2222	0.1960	0.2346	0.1852	0.1728	0.1852	0.1615	0.1481	0.2469	0.2346	0.2099
BL69	0.8025	0.8519	0.8272	0.7284	0.9259	0.8765	0.7901	0.8395	0.9136	0.8148	0.9136	0.8889	0.8148	0.8642	—	0.0864	0.2346	0.0741	0.1111	0.1852	0.2099	0.1975	0.1728	0.1852	0.1975	0.1235	0.0617	0.2593	0.2469	0.2469
BL76	0.7901	0.8395	0.8395	0.7654	0.8642	0.8395	0.7778	0.8025	0.9012	0.7778	0.9259	0.8519	0.8025	0.8765	0.9136	—	0.1975	0.1111	0.1975	0.1481	0.2222	0.1852	0.2099	0.1481	0.1852	0.1111	0.0741	0.2469	0.2346	0.2346
BL77	0.8148	0.7901	0.8395	0.8395	0.7654	0.7654	0.8519	0.8025	0.8025	0.8025	0.7284	0.8272	0.8765	0.8025	0.7654	0.8025	—	0.2346	0.1975	0.1235	0.1235	0.1852	0.1111	0.0988	0.1605	0.1358	0.2222	0.1728	0.1852	0.2593
BL78	0.7778	0.8025	0.7531	0.7037	0.8519	0.8272	0.7901	0.8148	0.8642	0.7901	0.9136	0.8642	0.7654	0.8148	0.9259	0.8889	0.7654	—	0.1358	0.2099	0.2593	0.2222	0.2222	0.2346	0.2469	0.1976	0.0617	0.2593	0.2963	0.2717
BL83	0.8395	0.8148	0.8395	0.7160	0.8395	0.8642	0.8272	0.8272	0.8765	0.9012	0.8272	0.9012	0.8025	0.8519	0.8889	0.8025	0.8025	0.8642	—	0.1481	0.1975	0.1605	0.1605	0.1828	0.1852	0.2099	0.1481	0.1728	0.2099	0.2346
BL85	0.8395	0.7654	0.8395	0.8148	0.7654	0.8148	0.8519	0.8025	0.8765	0.8519	0.8025	0.8519	0.8519	0.7778	0.8148	0.8519	0.8765	0.7901	0.8519	—	0.0988	0.0864	0.1111	0.0741	0.1111	0.1358	0.1728	0.1481	0.1358	0.2099
BL87	0.8642	0.7901	0.8395	0.8889	0.7901	0.8148	0.9012	0.8272	0.8272	0.8272	0.7284	0.8519	0.8519	0.8040	0.7901	0.7778	0.8765	0.7407	0.8025	0.9012	—	0.1111	0.0864	0.0988	0.1358	0.1605	0.2222	0.1481	0.1111	0.1852
BL88	0.8519	0.7531	0.8272	0.8272	0.7778	0.8765	0.8395	0.8148	0.8642	0.8395	0.7654	0.8148	0.8642	0.7654	0.8025	0.8148	0.8148	0.7778	0.8395	0.9136	0.8889	—	0.1728	0.1111	0.1235	0.1481	0.1852	0.1358	0.1235	0.1728
BL98	0.8272	0.8025	0.8519	0.8519	0.7778	0.8519	0.8889	0.8889	0.8642	0.8642	0.7654	0.9136	0.8642	0.8148	0.8272	0.7901	0.8889	0.7778	0.8395	0.8889	0.9136	0.8272	—	0.1358	0.1235	0.1728	0.1852	0.1852	0.1728	0.2469
BL99	0.8395	0.7901	0.8642	0.8889	0.7901	0.7901	0.8272	0.7778	0.8272	0.8272	0.7778	0.8272	0.8765	0.8272	0.8148	0.8519	0.9012	0.7654	0.8172	0.9259	0.9012	0.8889	0.8642	—	0.1358	0.1111	0.1728	0.1728	0.1358	0.2099
BL101	0.8272	0.7778	0.8012	0.8272	0.7778	0.8272	0.8395	0.8395	0.8148	0.8395	0.7654	0.8395	0.8642	0.8148	0.8025	0.8148	0.8395	0.7531	0.8148	0.8889	0.8642	0.8765	0.8765	0.8642	—	0.1235	0.1852	0.1605	0.0988	0.1728
BL103	0.8519	0.8272	0.9012	0.8025	0.9012	0.8272	0.8148	0.8148	0.8642	0.8148	0.8395	0.8395	0.8642	0.8385	0.8765	0.8889	0.8642	0.8024	0.7901	0.8642	0.8395	0.8519	0.8272	0.8889	0.8765	—	0.1605	0.2346	0.1728	0.2222
BL104	0.7901	0.8148	0.8148	0.7407	0.8642	0.8642	0.7778	0.8519	0.9012	0.7778	0.9383	0.8519	0.8272	0.8519	0.9383	0.9259	0.7778	0.9383	0.8519	0.8272	0.7778	0.8148	0.8148	0.8272	0.8148	0.8395	—	0.2469	0.2346	0.2346
LM50	0.7901	0.7407	0.7901	0.8418	0.7160	0.7901	0.8519	0.7778	0.7778	0.8272	0.7284	0.8272	0.8045	0.7531	0.7407	0.7531	0.8272	0.7407	0.8272	0.8519	0.8519	0.8642	0.8148	0.8272	0.8395	0.7654	0.7531	—	0.1111	0.1358
BL106	0.8272	0.7778	0.8519	0.8272	0.7778	0.7778	0.8148	0.8148	0.7654	0.8148	0.7407	0.8148	0.8642	0.7654	0.7531	0.7654	0.8148	0.7037	0.7901	0.8642	0.8889	0.8765	0.8272	0.8642	0.9012	0.8272	0.7654	0.8889	—	0.1235
BL107	0.8519	0.7531	0.8025	0.7778	0.7531	0.8025	0.7654	0.7654	0.7654	0.7407	0.7407	0.7654	0.8148	0.7901	0.7531	0.7654	0.7407	0.7283	0.7654	0.7901	0.8148	0.8272	0.7531	0.7901	0.8272	0.7778	0.7654	0.8642	0.8765	—

BL30、BL42和BL50与其它无性系进行区分。引物GCPM_ 1070把无性系BL28、BL53、BL103与其它无性系区分开来。引物GCPM_ 118 -1对无性系BL49、BL53、BL76和BL85与其它无性系进行区分。引物GCPM_ 1068 -2首先对无性系BL20、BL22、BL67与其它无性系进行区分，之后把无性系BL28、BL87、BL106、BL107与其它无性系进行区分。引物GCPM_ 1064 -4首先对无性系BL28、BL69、BL78、BL83与其它无性系进行区分，之后把无性系BL53、BL104与其它无性系区分开来。引物1025 -1扩增出6条特异性谱带，首先把无性系BL107与其它无性系分别区分开，其次把无性系BL98、BL77、BL46与其它无性系区别开，再次把无性系BL64、BL85、BL87、BL99与其它无性系进行区分。通过6条谱带，把30个无性系分成6类。总之同时利用16对引物制作了杨树无性系指纹图谱(表10-4)，每一个无性系都有唯一的指纹图谱，可以把白杨杂种无性系相互区分鉴别开。

10.3 讨论

品种鉴别的方法有很多，如形态标记、蛋白标记等，但随着新品种的逐渐增多，亲缘关系越来越近，简单的标记受到限制，不能满足鉴别的需要，而分子标记作为一种最有效的遗传标记，在作物育种和杨树遗传育种方面应用广泛，在无性系指纹图谱和遗传图谱的研究中进展较快。

李宽钰等(1996)对黑杨派、白杨派和青杨派DNA多态性及进化研究中提出白杨派4个树种遗传距离在0.179~0.394之间，平均为0.3373。李善文(2004)对杨树杂交亲本与子代遗传变异及分子基础研究中提出白杨派全部样本间平均遗传距离是0.1727。本研究中30个白杨杂种无性系遗传距离变化范围0.0864~0.2716，平均遗传距离为0.1436。这与李宽钰等研究的4个树种平均遗传距离差异较大，与李善文的结论一致，可能与样品的选择有关，李宽钰等的样品是白杨派不同种内，而本研究则是杂交子代。

许多专家利用SSR分子标记手段进行杨树指纹图谱的分析(Rajora et al, 2003；Fossati et al, 2005；Rahman et al, 2000)，用于品种的鉴定。在杨树育种方面，Castiglione等(1993)最早利用RAPD技术对杨属不同种的32个无性系进行指纹图谱构建，利用4个引物共扩增出120个不同的DNA带，研究结果发现不同地点的相同无性系植株指纹没有差异。Sanchez等(1998)利用RAPD标记对25个杨树无性系进行鉴定，发现每一个种及每一个种内无性系表现的条带不同，可以利用谱带区分不同种。本试验对30个白杨杂种无性系进行SSR分子标记分析，利用16对引物共扩增出40条DNA谱带，且每条谱带均具有多态性。在指纹图谱的构建过程中，由于白杨杂种无性系间遗传距离较小，相似系数高，较难区分，但只要加大引物数量，把30个白杨杂种无性系逐一区分效果显著。这与陈碧云等(2008)和王通强等(2009)对油菜新品种及段艳凤(2009)等对88个马铃薯品种鉴定过程相近。

综上所述，在利用分子标记对杨树进行派内无性系间遗传变异分析时，要根据样本的特性来选择分子标记的手段，根据试验效果选择引物的数量。利用分子标记对杨树品种进行指纹图谱的建立、遗传变异分析是可行的。DNA指纹图谱的建立，不仅为杨树新品种审定和保护提供技术保障，还可以为辨别和鉴定假冒伪劣品种提供科学依据。利用分子标记的手段和方法，不仅可以对品种进行遗传变异分析，还可以对杨树的起源、进化提供理论基础。

参考文献

Dickmann D I，Stuart K W. 1985. 美洲东北部杨树的遗传改良．杨树，2(2)：81－84

白爽，李俊涛，姜静，等. 2006. 转柽柳晚期胚胎富集蛋白基因烟草的耐低温性分析．生物技术通讯，17(4)：563－566

柏章才，马亚怀，李彦丽. 2009. 2006 年国家甜菜品种区域试验品种稳定性测定．中国糖料，2：28－30

蔡立森，王建武，姜龙，等. 2007. 国家黄淮南片冬小麦区试品种稳定性分析．安徽农业科，35(30)：9493－9500

曹德昌，李景文．胡杨，2009. 种群生殖生态学研究进展．科学技术与工程，9(5)：1202－1208

曹雪丹，李文华，鲁周民，等. 2008. 北缘地区枇杷春季光合特性的研究．西北林学院学报，23(6)：33－37

陈碧云，伍晓明，张冬晓，等. 2008. 国家冬油菜区试新品种的 SSR 指纹图谱分析．分子植物育种，6(4)：709－716

陈冠喜，李开绵，叶剑秋，等. 2009. 6 个木薯品种光合特性的研究．中国农学通报，25(12)：263－266

陈宏伟，康向阳，张正海，等. 2009. 小青杨与胡杨杂交及其杂种后代分子鉴定．北京林业大学学报，31(2)：86－91

陈鸿雕，刘闯，潘成良，等. 1992. 我国杨树育种研究现状及其今后策略．辽宁林业科技，(5)：3－7

陈奕昑，陈玉珍. 2007. 低温锻炼对胡杨愈伤组织抗寒性、可溶性蛋白、脯氨酸含量及抗氧化酶活性的影响．山东农业科学，3：46－49

陈永忠，谭晓风，王德斌，等. 2002. 林木分子标记辅助选择育种．湖南林业科技，29(3)：17－20

代莉，李淑玲，孙红召. 2003. 毛白杨抗虫、感虫无性系树皮内酶活性的初步探讨．贵州林业科技，31(2)：1－5

澹台湛，李鹏，赵忠，等. 2005. 白杨派杂种无性系生根特性研究．西北植物学报，25(5)：911－916

邓松录，狄晓艳，王孟本，等. 2006. 杨树无性系光合特征的研究．植物研究，26(5)：600－608

董天慈．1980．小叶杨与胡杨亚属间有性杂交．遗传，(1)：25－28
杜克兵，许林，沈宝仙，等．2009．黑杨派杨树杂交子代的遗传分析及苗期选择．华中农业大学学报，28(5)：624－630
段艳凤，刘杰，卞春松，等．2009．中国88个马铃薯审定品种SSR指纹图谱构建与遗传多样性分析．作物学报，35(8)：1451－1457
段咏新，李松泉，傅家瑞，等．1997．钙对延缓杂交水稻叶片衰老的作用机理．杂交水稻，12(6)：23－25
方升佐，徐锡增，吕士行．2004．杨树定向培育．安徽：安徽科学技术出版社
方晓娟，李吉跃，聂立水，等．2009．毛白杨杂种无性系稳定碳同位素值的特征及其水分利用效率．生态环境学报，18(6)：2267－2271
房用，慕宗昭，王月海，等．2006．16个杨树无性系蒸腾特性及其影响因子研究．山东大学学报，41(6)：168－172
符毓秦，刘玉媛，李均安，等．1990．美洲黑杨杂种无性系－陕林3、4号杨的选育．陕西林业科技，(3)：1－9
高建社，樊军峰，张存旭，等．2006．黑杨与白杨远缘杂交技术研究．西北农林科技大学学报，34(10)：72－80
高健，黄大国．2002．影响滩地杨树净光合速率的生理生态因子研究．中南林学院学报，22(2)：40－43
高仁之．1986．数量遗传学．成都：四川大学出版社
高岩，张汝民，姚云峰，等．1997．盐胁迫对梭梭幼苗体内保护酶系统活性的影响．内蒙古大学学学报，28(2)：253－256
苟萍，李冠，马东建．2003．速生杨与钻天杨生理生化特性比较研究．西北植物学报，23(4)：656－659
顾万春．2004．统计遗传学．北京：科学出版社．
管兰华，潘惠新，黄敏仁，等．2005．美洲黑杨×欧美杨 F_1 无性系的多形状选择．南京林业大学学报，29(2)：6－10
韩一凡，杨自湘，王建园，等．1991．杨树抗性育种进展．见：林业部科技司主编．阔叶树遗传改良．北京：科学技术文献出版社
何贵平，陈益泰，关志山，等．1997．杉木无性系生长及分枝习性的遗传变异．林业科学研究，10(5)：556－559
胡斌，樊军锋，高建设，等．2009．美洲黑杨与青杨、川杨和卜氏杨人工杂交及杂种苗生长和抗病性状测定．浙江林学院学报，26(6)：778－783
黄德龙．2008．柳桉家系适应性试验与遗传变异分析．山地农业生物学报，27(3)：207－212
黄东森，朱湘渝，王瑞玲，等．1991．中林46等12个杨树新品种杂交育种．见：林业部科技司主编．阔叶树遗传改良．北京：科学技术文献出版社
黄东森．1991．中林“三北”1号．阔叶树优良无性系图谱．北京：北京农业大学出版社

黄东森．1991. 中林 46 等 12 个杨树新品种杂交育种．杨树遗传改良．北京：北京农业大学出版社

黄海，罗友丰，陈志英，等．2000. 统计分析 spss10. 0. 北京：人民邮电出版社

黄金东，常国斌，刘畅．1998. 比利时时格哈兹博根杨树研究中心的杨树育种研究．辽宁林业科技，4：4－7

黄鹏，路生林．2006. 国外李品种区域化栽培试验．河北林果研究，21(1)：59－62

黄秦军，苏晓华，张香华．2002. SSR 分子标记与林木遗传育种．世界林业研究，15(3)：14－21

黄秦军，苏晓华．2003. 美洲黑杨×青杨 F_2 代基本材性性状遗传变异研究．林业科学研究，16(2)：141－145

黄秋婵，韦友欢．2009. 阳生植物和阴生植物叶绿素含量的比较分析．湖北农业科学，48(8)：1923－1929

江银荣，陆虎华，潘宝国，等．2009. 大麦新品种稳定性分析．安徽农学通报，15(16)：115－116

姜磊，杨秀艳．2005. 生理生化指标在林木遗传育种中的应用．河北林果研究，20(1)：76－79

姜笑梅，许明坤，黄东森．1997. 木材材性株内径向变异模型研究初探．林业科学，33(2)：168－175

姜岳忠，李善文，秦光华，等．2006. 黑杨无性系区域化试验初报．林业科学，42(12)：143－147

姜岳忠，秦光华，陈东洲，等．2009. 杨树胶合板材纸浆材新品种'鲁林 1 号杨'．林业科学，45(5)：178

解孝满，解荷锋，张有慧，等．2008. 毛白杨无性系木材性状与生长性状的相关分析．山东林业科技，2：34－35

金志明，金培林，金晓红，等．2001. 白林二号杨．吉林林业科技，30(3)：10－13

李宝福．2007. 福建中亚热带 7 个桉树无性系多点造林对比试验研究．林业科学研究，20(2)：181－187

李伯林，梅慧生．1989. 燕麦叶片衰老与活性氧代谢的关系．植物生理学报，15(1)：6－12

李春迤，毛立仁，秦德智．2008. 日本栗引种试验初报．北方果树，(6)：7－10

李定航，高双喜．2001. 速生杨新品种－中林北京 2000 系列杨．中国林业，3：37

李合生．2002. 现代植物生理学．北京：高等教育出版社

李惠菊，徐秀梅．2008. 新疆杨、速生杨(中林－46)树种光合特性研究．防护林科技，3：25－28

李火根，黄敏仁，潘惠新，等．1997. 美洲黑杨新无性系生长遗传稳定性分析．东北林业大学学报，25(6)：1－5

李继东，毕会涛，冯健灿，等．2006. 毛白杨无性系有机物质含量和酶活性与抗性关系研

究．河南科学，24(4)：517－520

李金花，姜英淑，宋红竹，等．2004. 美洲黑杨与不同种源青杨杂种子代无性系遗传变异和初步选择研究．，林业科学研究，17(3)：368－373

李金花，苏晓华，张绮纹，等．1999. 用 RAPD 标记检测与杨树生长和物候期有关的 QTLs. 林业科学研究，12(2)：111－117

李静怡，张志毅．2000. 三倍体毛白杨无性系光合特性的研究．北京林业大学学报，22(6)：12－15

李开隆，杨传平，刘桂丰．2003. 黑龙江省杨树遗传育种研究进展．东北林业大学学报，31(4)：45－48

李开隆，周光达，杨传平，等．2004. 中国山杨与美洲山杨杂交育种的研究．植物研究，24(2)：215－219

李宽钰，黄敏仁，王明庥，等．1996. 白杨派、青杨派和黑杨派的 DNA 多态性及系统进化研究．南京林业大学学报，20(1)：6－11

李丕军，林思祖，李宏，等．2009. 银×新无性系二次选优及无性系的推广．东北林业大学学报，37(2)：94－95

李善文，张志毅，于志水，等．2008. 杨树杂交亲本分子遗传距离与子代生长性状的相关性．林业科学，44(5)：150－154

李善文．2004. 杨树杂交亲本与子代遗传变异及分子基础研究．北京：北京林业大学博士学位论文

李世峰，张博，陈英，等．2006. 美洲黑杨种质资源遗传多样性的 SSR 分析．南京林业大学学报，30(4)：10－14

李文荣，任建中，段自安．2008. 杨树与柳树新品种及其栽培．北京：中国林业出版社

李亚江，董雁．2002. 杨树新无性系叶绿素含量和光合速率的测定．辽宁林业科技，(6)：14－35

李毅，刘榕，孙雪新．2002. 箭杆杨×胡毛杨良种选育及测定．林业实用技术，(2)：7－8

李周歧，王章荣．2001. 鹅掌楸属种间杂交可配性与杂种优势的早期表现．南京林业大学学报，2(8)：34－38

梁海永，刘彩霞，刘兴菊，等．2005. 杨树品种的 SSR 分析及鉴定．河北农业大学学报，28(4)：27－31

林植芳，李双顺，林桂珠，等．1984. 水稻叶片的衰老与超氧化物歧化酶活性及质膜过氧化作用的关系．植物学报，26(6)：605－615

刘建伟，胡新生，刘雅荣，等．1994. 半干旱地区八种杨树无性系间苗期净光合速率变化的研究．林业科学研究，7(5)：475－480

刘培林，赵吉恭，林顺伊，等．1993. 黑林 1 号，2 号，3 号的选育与区域试验．见：土忠虞，沈熙环．中国林木遗传育种进展．北京：科学技术文献出版社

刘培林，赵吉恭．1991. 山杨良种选育．见：林业部科技司主编．阔叶树遗传改良．北

京：科学技术文献出版社
刘榕，史元增. 1995. 甘肃杨树. 兰州：兰州科技大学出版社
刘威. 2008. 辽宁省粳稻品种稳定性及适应性分析. 北方水稻，38(3)：81－82
刘伟洲，邓贵东，何明海. 2001. 黑龙江省乡土杨树与美洲黑杨杂交新品种的选育技术. 延边大学农学学报，23(1)：8－12
刘月君，张立果，石彩华，等. 1998. 廊坊杨树杂种新无性系的选育. 林业科技通讯，(12)：7－10
刘志新，李艳芝，何庆庚，等. 1996. 新选育的杨树良种－秦皇岛杨. 河北林业科技，4：1－3
卢孟柱，卞祖娴. 1992. 五种杨树叶绿体 DNA 的提取及 RFLP 分析. 林业科学研究，5(4)：465－468
鲁福成，王明启，魏雪生，等. 2001. 逆境条件下几种蔬菜作物生理指标的变化. 天津农业科学，7(2)：6－10
鹿学程，孙玉浩，向玉茹. 1985. 昭林 6 号杨树杂交育种. 杨树，2(2)：1－8
吕志华. 2006. DNA 分子标记在林木遗传育种中的应用及进展. 楚雄师范学院学报，21(9)：68－76
斯塔罗娃 H B. 1984. 杨柳科的育种. 马常耕，译. 北京：科学技术文献出版社
马常耕，周天相，徐金良. 2000. 杉木无性系生长的遗传控制和早期选择初探. 林业科学，36：62－69
马常耕. 1995. 我国杨树杂交育种的现状和发展对策. 林业科学，31(1)：60－68
马常耕. 1984. 总结经验开创我国杨树育种新局面. 山东林业科技，(2)：1－12
孟伟伟，潘惠新，黄敏仁，等. 2008. 美洲黑杨×欧美杨杂种无性系生长分析. 南京林业大学学报，32(1)：139－141
潘礼晶，赵西珍，许兴华. 1997. 毛白杨无性系数量性状的遗传距离分析. 山东林业科技，(4)：11－15
庞金宣，郑世锴，刘国兴，等. 2001. 窄冠型杨树新品种选育. 林业科技通讯，4：8－9
彭儒胜，张兴芬，赵继梅，等. 2009. 胡杨杂交育种研究初报. 辽宁林业科技，2：24－31
秦锡祥. 1991. 杨树抗云斑天牛新品种选育. 杨树遗传改良. 北京：北京农业大学出版社
丘进清. 2007. 闽北柳桉种源/家系的试验研究. 中南林业科技大学学报，27(3)：33－36
邱光明，翁俊华. 1991. 河北杨良种选育研究. 见：林业部科技司主编. 阔叶树遗传改良. 北京：科学技术文献出版社
任建中，刘长青，汪清锐. 2003. 杨树纸浆材优良无性系选择方法的研究. 北京林业大学学报，25(4)：25－29
邵世光. 2007. 阴生植物与阳生植物. 生物学教学，32(8)：68－69
沈艳华，徐锡增，方升佐，等. 2009. 硅对盐胁迫下杨树幼苗生长和膜脂过氧化的影响. 福建林学院学报，29，(1)：69－73

施溯筠，蒋基建，金明植，等．2000. 速生杨树的研究概述．延边大学农学学报，22（1）：66－71

史瑞，迟德富，张晟铭．2008. 10 种杨树酶活性与抗性的关系．，东北林业大学学报，36（9）：74－75

宋红竹，张绮纹，周春江．2007. 杨树部分种的 AFLP 遗传多样性分析．林业科学，43（12）：64－69

苏东凯，周永斌，唐庆华，等．2006. 不同杨树品种光合生理生态特性研究．西北林学院学报，21(2)：39－41

苏培玺，张立新，等．2003. 胡杨不同叶形光合特性、水分利用效率及其对加富 CO_2 的影响．植物生态学报，27(1)：34－40

苏晓华，丁昌俊，马常耕．2010. 我国杨树育种的研究进展及对策．林业科学研究，23（1）：31－37

苏晓华，黄秦军，张冰玉，等．2004. 中国杨树良种选育成就及发展对策．世界林业研究，17(1)：46－49

苏晓华，张绮纹，郑先武，等．1998. 美洲黑杨（*Populus deltoids* Marsh.）× 青杨（*P. cathayana* Rehd）分子连锁图谱的构建．林业科学，34(6)：29－37

孙国荣，彭永臻，阎秀峰，等．2003. 干旱胁迫对白桦实生苗保护酶活性及脂质过氧化作用的影响．林业科学，39(1)：165－167

孙远清，胡崇富，董雁，等．2002. 抗寒速生杨树新品种辽育 1 号和辽育 2 号．林业科技，27(4)：1－4

谭晓风，胡芳名．1997. 分子标记及其在林木遗传育种研究中的应用．经济林研究，15（2）：19－22

汤玉喜，吴立勋，吴敏，等．2005. 杨树无性系生长与材性遗传变异及综合选择研究．湖南林业科技，32(5)：1－5

唐启义，冯明光．2007. DPS 数据处理－实验设计、统计分析及数据挖掘．北京：科学出版社

万劲，方升佐，翟学昌．2008. 7 个杨树能源林无性系的初步选择．林业科技开发，22（3）：35－38

汪泽军，李福英，阎东丰，等．2009. 毛白杨无性系冠幅、冠长与生长的相关性研究．河南科技学院学报，37(4)：14－18

王斌，李百炼，张金凤，等．2009. 杂种白杨离体再生体系的建立．西北植物学报，29（4）：704－710

王恭祎，宋玉山，武惠肖，等．2001. 抗盐碱杨树新品种－廊坊杨 4 号的选育．林业科技通讯，6：29－30

王继红，李先萍．2001. 中金系列杨树新品种特性及效益分析．山西林业，4：25－26

王建华，刘鸿先，徐同．1989. 超氧物歧化酶(SOD)在植物逆境和衰老生理中的作用．植物生理学通讯，(1)：1

王军辉，顾万春，李斌，等. 2000. 桤木优良种源/家系的选择研究 - 生长的适应性和遗传稳定性分析. 林业科学，36(3)：59 - 66

王克胜，卞学瑜，李淑梅，等. 1996. 欧美杨无性系区域试验的效应分析与稳定性测定. 林业科学研究，9(1)：92 - 96

王明庥，黄敏仁，邬荣领，等. 1991. 美洲黑杨×小叶杨杂交育种研究. 见：林业部科技司主编. 阔叶树遗传改良. 北京：科学技术文献出版社

王明庥，黄敏仁. 1991. NL - 80105、80106、80205、80121、80213. 阔叶树优良无性系图谱. 北京：北京农业大学出版社

王娜，许兴，李树华，等. 2009. 春小麦碳同位素分辨率与相关生理性状的遗传相关分析. 干旱地区农业研究，24(4)：94 - 98

王庆斌，张玉波，刘国刚，等. 2002. 美洲黑杨杂种无性系引种苗期选择. 东北林业大学学报，30(5)：11 - 14

王绍琰，李桂华，张晓媛. 1987. 白杨派杨树新杂种无性系性状分析. 宁夏农林科技，(1)：19 - 27

王绍琰. 1985. 银白杨×新疆杨优良无性系的选育. 杨树，2(1)：1 - 7

王通强，马晓峰，吴有祥. 2009. 油菜杂种及亲本指纹图谱构建和杂种纯度鉴定. 食品与生物技术学报，28(3)：377 - 384

王伟，崔秀珍，李哲. 2009. 棉花海陆杂交种主要性状的遗传相关分析. 江苏农业科学，3：51 - 53

王忠华，李旭晨，夏英武. 2002. 作物抗旱的作用机制及其基因工程改良研究进展. 生物技术通报，(1)：16 - 19

王宗银. 2009. 浅谈造林保存率. 植树造林，8：2

卫尊征，张金凤，张德强，等. 2008. 白、青杨派间杂交幼胚培养及杂种子代的分子鉴定. 北京林业大学学报，30(5)：73 - 77

魏玉玲，闫玉信，王健华，等. 2005. 美洲黑杨杂交新品种选育与推广. 河南林业科技，25(1)：8 - 10

温宝阳. 1998. 绿化新品种 - 银中杨. 中国林业，5：42

温达志，周国逸，张德强，等. 2000. 4 种禾本科牧草植物蒸腾速率与水分利用效率的比较. 热带亚热带植物学报，(3)：67 - 76

吴鸿锦，刘志光，韩克展，等. 1996. 新杂交种沙毛杨的选育. 北京林业大学学报，18(3)：48 - 53

吴瑞云. 1999. 4 个杨树杂交品系的净光合速率特征. 中南民族学院学报，18(4)：10 - 12

吴瑞云. 2007. 欧美杨杂交种'中嘉 8'净光合速率与若干生态因子的相关分析. 亚热带植物科学，36(4)：16 - 19

吴晓春，张羽，于启滨. 1994. 韩国树木改良研究概况. 世界林业研究，7(1)：88 - 90

徐纬英. 1960. 杨树选种学. 北京：科学出版社

徐纬英. 1988. 杨树. 哈尔滨：黑龙江人民出版社

许乃银，陈旭升，狄佳春，等 . 2004. 棉花区域实验中品种稳定性分析方法探讨 . 江西棉花，26(4)：9 – 13
续九如 . 2006. 林木数量遗传学 . 北京：中国林业出版社
杨成超，别婉丽，董雁，等 . 2006. 银白杨与白榆缘缘杂交的研究 . 西北林学院学报，21(4)：54 – 57
杨成生，莫保儒，邹天福，等 . 2002. "群改"、"中金"系列杨树引种苗期试验 . 甘肃林业科技，27(4)：48 – 50
杨洪军，赵鹏舟，胡英阁 . 2006. 青山杨与小黑杨造林收益的对比 . 防护林科技，5：60
杨淑红，张瑞粉，孙淑云 . 2009. AFLP 分子标记技术在杨树遗传育种中的应用 . 河南林业科技，29(2)：55 – 58
杨再强，谢以萍，王立新 . 2008. 四季杨和南抗杨光合特性的研究 . 华中农业大学学报，27(5)：654 – 658
姚庆端 . 2004. 桉树优良无性系制浆造纸性能与适应性的研究 . 福建林学院学报，24(4)：316 – 322 .
叶培忠 . 1955. 白杨繁殖育种 . 林业科学，1(1)：37 – 46
易先辉 . 2008. 应用 AMMI 模型评价湖南棉花区试品种的稳定性 . 江西棉花，30(6)：20 – 24
尹佟明，黄敏仁，王明庥，等 . 1999. 利用 RAPD 标记构建响叶杨和银白杨分子标记连锁图 . 植物学报，41(9)：956 – 961
尹伟伦 . 2001. 国际杨树研究新进展 . 哈尔滨：东北林业大学出版社
尤扬，杨立峰，周建，等 . 2009. 白兰花秋季光合特性研究 . 西北林学院学报，24(6)：24 – 27
于振群，孙明高，魏海霞，等 . 2007. 干旱和盐分交叉胁迫对皂角幼苗膜脂过氧化及保护酶活性的影响 . 西北林学院学报，22(3)：47 – 50
张春玲，李淑梅，赵自成，等 . 2008. 杨树新品种'丹红杨' . 林业科学，44(1)：169
张春霞 . 2007. 欧洲黑杨与川杨、滇杨杂交及杂种苗的 SSR 分析 . 陕西：西北农林科技大学硕士论文
张德强，张志毅，杨凯，等 . 2005. 毛新杨 × 毛白杨叶片表型和春季萌芽时间 QTL 分析 . 林业科学，41(1)：42 – 48
张德强，张志毅，杨凯 . 2001. 分子标记技术在杨树遗传变异及系统分类中的应用 . 北京林业大学学报，23(1)：76 – 78
张德强，张志毅，杨凯 . 2000. 杨树分子标记研究进展 . 北京林业大学学报，22(6)：79 – 84
张德强 . 2002. 毛白杨遗传连锁图谱的构建及重要性状的分子标记 . 北京：北京林业大学博士论文
张建华，张金渝，杨晓洪，等 . 2006. 用 SSR 标记建立玉米黄早四 DNA 标准指纹图谱的方法研究 . 西南农业学报，19(3)：345 – 350

张江涛，刘友全，赵蓬晖，等．2007. 欧美杨无性系幼苗光合生理特性比较．中南林业科技大学学报，27(4)：8－22

张金凤，朱之悌，张志毅，等．2000. 中介亲本在黑白杨派间杂交中的应用．北京林业大学学报，22(6)：35－38

张绮纹．1984. 意大利杨树良种选育的程序和方法．林业科技通讯，(12)28－31

张绮纹．1987. 黑杨派内杨树的遗传改良．林业科学，23(2)：174－181

张守仁，高荣孚．2000. 光胁迫下杂种杨树无性系光合生理生态特性的研究．植物生态学报，24(5)：528－533

张颂云．1990. 主要针叶树种应用遗传改良论文集．北京：中国林业出版社

张香华，苏晓华，黄秦军，等．2006. 欧洲黑杨育种基因资源SSR多态性比较研究．林业科学研究，19(4)：477－483

张新叶，尹佟明，诸葛强，等．2000. 利用RAPD标记构建美洲黑杨×欧美杨分子标记图谱．遗传，22(4)：209－213

张亚东，胡兴宜，宋丛文．2009. 利用新型分子标记EST－SSR鉴定湖北省内的主栽黑杨品种．分子植物育种，7(1)：105－109

张颖，孙向阳，曲天竹，等．2008. 三倍体毛白杨不同无性系叶片养分含量研究．西北林学院学报，23(2)：64－68

张永诚，王玉环，苏来宽．1990. 速生杨树杂种无性系选育初报．见：徐纬英，张培杲主编．全国林木遗传育种第五次学术报告会论文汇编．哈尔滨：东北林业大学出版社

张有慧，解孝满，李景涛，等．2008. 毛白杨无性系多性状综合分析．山东林业科技，2：31－33

张玉波，王庆斌，李淑珍，等．2002. 牡丹江地区杨树遗传改良现状、问题及对策．东北林业大学学报，30(4)：65－66

张蕴哲，刘红霞，邬荣领，等．2003. 毛新杨×毛白杨AFLP分子遗传图谱．林业科学研究，16(5)：595－603

张志毅，李善文，何占国．2006. 中国杨树资源与杂交育种研究现状及发展对策．河北林业科技，9：20－24

赵凤君，高荣孚，沈应柏，等．2005. 水分胁迫下美洲黑杨不同无性系间叶片δ13C和和水分利用效率的研究．林业科学，41(1)：36－41

赵可夫，王韶唐．1990. 作物抗性生理．北京：农业出版社

赵淑芳，樊军锋，高建社，等．2009. 银白杨与84K杨、毛白杨杂交及苗期测定．东北林业大学学报，37(1)：4－5

赵天锡，陈章水．1994. 中国杨树集约栽培．北京：中国科学技术出版社

赵廷松，方文亮，曾清贤．2007. 5个核桃早实杂交新品种鲁甸县区域试验．西北林学院学报，22(5)：83－85

赵自成，苏雪辉，胡建军．2008. 杨树新品种'桑巨杨'．林业科学，44(2)：170

郑彩霞，高荣孚，尹伟伦，等．2006. 研究生植物生理实验指导．北京：北京林业大学植

物生理教研组

郑彩霞，邱箭，姜春宁，等.2006. 胡杨多形叶气孔特性及光合特性的比较. 林业科学，42(8)：19－24

郑淑霞，王占林.2004. 美洲黑杨×青杨杂交无性系抗锈病能力分析. 青海农林科技，增刊：42－43

周永斌，马学文，姚鹏，等.2007. 不同生长速度杨树品种的光合生理特性研究. 沈阳农业大学学报，38(3)：336－339

周永学，樊军锋，蔺林田，等.2004. 美洲黑杨×青杨杂种无性系引种育苗试验. 西北林学院学报，19(1)：58－60

周志春，金国庆.1998. 马尾松不同产地的遗传稳定性和生态学基础. 南京林业大学学报. 22(3)：75－80

朱春全，王世绩，王富国，等.1995. 六个杨树无性系苗木生长、生物量和光合作用的研究.，林业科学研究，8(4)：388－394

朱景乐，王军辉，张守攻，等.2008. 毛白杨材性指标预测及选择. 林业科学，44(7)：23－28

朱之悌.1989. 林木遗传学基础. 北京：中国林业出版社

Babayeva S, Akparov Z, Abbasov M, et al. 2009, Diversity analysis of central Asia and Caucasian lentil(*Lens culinaris Medik.*) germplasm using SSR fingerprinting. Genet Resour Crop Evol. 56: 293－298

Bassman J B, Zwier J C. 1991. Gas exchange characteristics of *Populus trichocarpa*, *Populus deltoides* and *Populus trichocarpa* × *P. eltoides* clone. Tree Physiology, (8): 145－14

Benor S, Zhang M Y, Wang Z F, et al. 2008. Assessment of genetic variation in tomato(*Solanum lycopersicum* L.) inbred lines using SSR molecular markers. J Genet Genomics. 35: 373－379

Botstein D, White R L, Skolnck M, et al. 1980. Construction of a genetic linkage map in man using restriction foagment length polymorphisms. Am J Hum Genet. 21(3): 314－318

Bouvatel P, Lemoin M. 1959. Hybridzation les trembles et peupliers blances a la station de recherches de Nancy. Rev. Forest Frans., (10): 8－12

Bradshaw H D and Grattapaglia D. 1994. QTL mapping in interspecific hybrids of forest trees. Forest Genetic. 1: 191－196

Calfapietra C, Ingmar Tulva, Eve Eensalu, et al. 2005. Canopy profiles of photosynthetic parameters under elevated CO_2 and N fertilization in a poplar plantation. Enviromental Pollution, 137: 525－535

Castiglione S, Wang G, Damiani G, et al. 1993. RAPD fingerprints for indentification and fortaxonomic studies of elite poplar clones. Theor Appl Genet. 87(1－2): 54－59

Cervera M T, Gusmao J, Steenackers M, et al. 1996. Identification of AFLP molecular makers for resistance against Melampsora larici－populian in *Populus*. TAG, 93: 733－737

Ceulemans R, Scarascia－Mugnozza, Wiard B M, et al. 1992. Production physiology and morphology of *Populus* species and their hybridsa grown under short rotation. I. Clonal comparisons of 4－year growth and phenology. Can. J. For. Res. , 22(12): 1937－1948

Chen K, Peng Y H, Wang Y H, et al. 2007. Genetic relationships among poplar species in section Tacamahaca (*Populus* L.) from western sichuan, china. Plant Science. 172: 196－203

Dickmann D I. 2001. An overview of the genus *Populus*. In Poplar culture in north America. Part A, Chapter 1. Edited by Dickmann D I, Isebrands J G, Eckenwalder JE, et al. NRC Research Press, National Research council of Canada. pp: 1－42

Dillen S Y, Storme V, Marron N, et al. 2009. Genomic regions involved in productivity of two interspecific poplar families in Europe. 1. Stem height, circumference and volume. Tree Genetics & Genomes. 5: 147－164

Dillen SY, Marron N, Sabatti M, et al. 2009. Relationships among productivity determinants in two hybrid poplar families grown during three years at two contrasting sites. Tree Physiol. 29(8): 975－987

Du K B, Shen B X, Xu L, et al. 2008. Estimation of genetic variances in flood tolerance of poplar and selection of resistant F_1 generations. Agroforest syst, 74: 243－257

Erickson J E, Stanosz G R, Kruger E L. 2003. Photosynthetic consequences of Marssonina leaf spot differ between two poplar hybrids. New Phytologist. 161: 577－583

Fang S Z, Xu X Z, Lu S X, et al. 1999. Growth dynamics and biomass production in short－rotation poplar plantations: 6－year results for three clones at four spacings. Biomass and Bioenergy. 17: 415－425

Fang Sz, Yong Wz. 2003. Interclonal and within－tree variation in wood properties of *Populus* clones. Journal of Forestry Research, 14(4): 263－268

Fossati T, Zapelli I, Bisoffi S. 2005. Genetic relationships and clonal identity in a collection of commercially relevant poplar cultivars assessed by AFLP and SSR. Tree Genetics & Genomes. 1: 11－19

Gaudet M, Jorge V, Paolucci I, et al. 2008. Genetic linkage maps of *Populus nigra* L, including AFLPs, SSRs, SNPs, and sex trait. Tree Genetics & Genomes. 4: 25－36

Gaudillere J P. 1989. Photosynthetic response of poplar leaves under varying quantum flux density. Ann Sci For. 46: 479－482.

Guillemette T, DesRochers A. 2008. Early growth and nutrition of hybrid poplars fertilized at planting in the boreal forest of western Quebec. Forest Ecology and Management, 255, 2981－2989

Guo XY, Zhang XS, Huang ZY. 2010. Drought tolerance in three hybrid poplar clones submitted to different watering regimes. Journal of Plant Ecology, DOI: 10. 1093/jpe/rtq007

Harrington C A, Radwan M A, Debell D S. 1997. Leaf characteristics reflect growth rates of 2－year－old *Populus* trees. Can J For Res. 27: 1321－1325

Hozain MI, Salvucci ME, Fokar M, et al. 2010. The differential response of photosynthesis to high temperature for a boreal and temperate *Populus* species relates to differences in Rubisco activation and Rubisco activase properties. Tree Physiol. 2010. 30: 32 – 44

Huang LJ, Su XH, Zhang XH, et al. 2004. SSR molecular markers related to wood density and fibre traits in poplar. Yi Chuan Xue Bao. 31(3): 299 – 304

Isebrands J G, Ceulemans R, Wiard B. 1988. Genetics variation in photosynthetic traits amongPopulus clones in relation to yield. Plant Physiol Biochem. 26(4): 427 – 437

Jill A, Ronald S, David R, et al. 2007. Growth and biomass of *Populus* irrigated with landfill leachate. Forest Ecology and Management. 248: 143 – 152

John S R, Robert W P. 1993. Photosynthetic gas exchange response of poplars to steady – state and dynamic light environments. Oecologia. 93: 208 – 214

Karacic A, Weih M. 2006. Variation in growth and resource utilization among eitht poplar clones grown under different irrigation and fertilization regimes in Sweden. Biomass and Bioenergy, 30: 115 – 124

Kellogg E W, Fridovich I. 1975. Superoxide, hydrogen peroxide, and single oxygen in lipid peroxidation by axanthine oxidase system. J. Biol Chem., 250: 8812 – 8817

Khasa P D, Li P, Vallee G, Magnussen S, Bousquet J. 1995. Early evaluation of *Racosperma auriculiforme* and *R. mangium* provenance trials on four site in Zaire. For. Ecol. Manage. 78: 99 – 113

Kim S H, Dennis C. Gitz, Richard C, et al. 2007. Temperature dependence of growth, development, and photosynthesis in maize under elevated CO_2. Enviromental and Experimental Botany, 61: 224 – 236

Koxlowski TT, Kramer PJ, Pallardy SG. 1991. The physiological ecology of woody plants. New York: Academic press, 275 – 279

Krzan Z. 1976. Resistance of *Populus deltoids* clones to Melampsora *larici – populina*, in Poland. In Proceedings Symposium on Eastern Cottonwood and Related Species, 199 – 204

Labrecque M, Trainan I. 2005. Field performance and biomass production of 12 willow and poplar clones in short – rotation coppice in southern Quebec. Biomass and Bioenergy, 29, 1 – 9

Lambers H, Pobrter H. 1992. Inherent variation in growth rate between higher plants: A research for physiological causes and ecological consequences. Advecolres. 23: 188 – 216

Lambeth CC, Endo M. et al. 1994. Genetic analysis of 16 clonal trials of *Eucalyptus* grandis and comparisons with seedlings checks. For. Sci. 40: 397 – 411

Lars C. 2006. Biomass production of intensively growth poplars in the southernmost part of Sweden: Observations of characters, triats and growth potential. Biomass and Bioenergy. 30: 497 – 508

Letts M G, Phelan CA, Johnson DR, et al. 2008. Seasonal Photosynthesic gas exchange and leaf reflectance characteristics of male and female cottonwoods in a riparian woodland. Tree

Physiol. 28(7): 1037 – 1048

Li B L, Gary W W, Dean W E. 1993. Hybrid aspen performance and genetic gains. North. J. Appl. For., 10(3): 117 – 122

Li SW, Reza P, Shirlean G. 2004. Effects of soil moisture regimes on photosynthesis and growth in cattail (*Typha latifolia*). Acta Oecologica, 25: 17 – 22

Liberloo M, Calfapietra C, Lukac M, et al. 2006. Woody biomass production during the second rotation of a bio – energy *Populus* plantation increases in a future high CO_2 word. Global Change Biology. 12: 1094 – 1106

Liu Z, Furnier GR. 1993. Comparison of allozyme, RFLP, and between trembling aspen and bigtooth aspen. Theor Appl Genet, 87: 97 – 105

Mae T. 1997. Physiological nitrogen efficiency in rice. Nitrogn utilization, photosynthesis and yield potential. Plant and Soil, 196: 201 – 210

Marron N, Sophie Y, Ceulemans R. 2007. Evaluation of leaf traits for indirect selection of high yielding poplar hybrids. Environmental and Experimental Botany, 61, 103 – 116

Monclus R, Villar M, Barbaroux C, et al. 2009. Productivity, water – use efficiency and tolerance to moderate water deficit correlate in 33 poplar genotypes from a *Populus deltoides* × *Populus trichocarpa* F1 progeny. Tree Physiol. 29(11): 1329 – 1339

Mori E S, Kageyama PY, Ferreira M. 1990. Genetic variation and progeny × location interaction in *Eucalyptus urophylla*, IPEF International, Piracicaba, 1: 45 – 54

Naghavi M R, Aghaei M J, Taleei A R, et al. 2009. Genetic diversity of the D – genome in *T. aestivum* and *Aegilops* species using SSR markers. Genet Resour Crop Evol. (56): 499 – 506

Nei M, Li W H. 1979. Mathematical model for studying genetic variation in term of restriction endonucleases. Proc. Natl. Acad. Sci., 76: 5269 – 5273

Orlovic B S, Guzina V, Krstic B, et al. 1998. Genetic Variability in Anatomical, physiological and growth characteristics of hybrid poplar (*Populus xeuramericana* Dode (Guinier)) and eastern cottonwood (*Populus deltoids* Bartr.) clones. Silvae Genetica. 47(4): 183 – 190

Ow L F, Griffin K L, Whitehead D. 2008. Thermal acclimation of leaf respiration but not photosynthesis in *Populus deltoides* × *nigra*. New Phytol. 178(1): 123 – 34

Pellis A, Laureysens I, Ceulemans R. 2004. Growth and production of a short rotation coppice culture of poplar I. Clonal differences in leaf characteristics in relation to biomasss production. Biomass and Bioenergy. 27: 9 – 19

Phi H H, Jansson G, Harwood C, et al. 2008. Genetic variation in growth, stem staightness and branch thickness in clonal trails of *Acacia auriculiformis* at three contrasting sites in Vietnam. Forest Ecology and Management, 255: 156 – 167

Pliura A, Zhang SY, John M, et al. 2007. Genotypic variation in wood density and growth traits of poplar hybrid at four clonal trails. Forest Ecology and Management, 238: 92 – 106

Pospisil J. 1985. The importance of forest tree breeding; an example of the Aspen. Lesnictvi, (4): 731 – 754

Rae A M, Robinson K M, Street N R, et al. 2004. Morphological and physiological traits influencing biomass productivity in short – rotation coppice poplar. Can J For Res. 34: 1488 – 1498

Rae AM, Street NR, Robinson KM, et al. 2009. Five QTL hotspots for yield in short rotation coppice bioenergy poplar: the poplar biomass loci. BMC Plant Biol. doi: 10. 1186/1471 – 2229 – 9 – 23

Rahman M H, Dayanandan S, Rajora OP. 2000. Microsatellite DNA markers in *Populus tremuloides*. Genome. 43(2): 293 – 297

Rajora P, Rahman H. 2003. Microsatellite DNA and RAPD fingerprinting, identification and genetic relationships of hybrid poplar (*Populus* × *Canadensis*) cultivars. Theor Appl Genet. 106 (3): 470 – 407

Regier N, Streb S, Cocozza C, et al. 2009. Drought tolerance of two black poplar (*Populus nigra* L.) clones: contribution of carbohydrates and oxidative stress defence. Plant, Cell & Environment. 32 (12): 1724 – 1736

Rood S B, Nielsen J L, Shenton L, et al. 2010. Effects of flooding on leaf development, transpiration, and photosynthesis in narrow leaf cotton wood, a willow – like poplar. Photosynthesis Research. Doi: 10. 1007/s11120 – 009 – 9511 – 6

Sanchez N, Grau J M, Manzanera J A, et al. 1998. RAPD markers for the identification of *Populus*. Silvae Genetica, 47 (2 – 3): 67 – 70

Sara O, Andrej P, Zoran G, et al. 2006. Results of poplar clone testing in field experiments. Genetika. 38 (3): 259 – 266

SasaO, Slobodanka P, Borivoj D. 2002. Selection of black poplar for water use efficiency. Proceedings for Natural Sciences, Matica Srpska Novi Sad, 102: 45 – 51

Shehata A I, Al – Ghethar H A, Al – Homaidan A A. 2009. Application of simple sequence repeat (SSR) markers for molecular diversity and heterozygosity analysis in maize inbred lines. Saudi Journal of Biological Sciences. 16: 57 – 62

Shigern Chiba. 1984. Provenance and crossbreeding of *populus* maximowiczii in northern Japan. In Report of the 17th session of International Poplar Commission in Ottawa, Canada.

Silim S N, Ryan N, kubien D S. 2010. Temperature responses of photosynthesis and respiration in *Populus balsamifera* L.: acclimation versus adaptation. Photosynthesis Research. DOI: 10. 1007/s 11120 – 010 – 9527y

Sophie Y, Nicolas M, Barbra K, et al. 2008. Genetic variation of stomatal traits and carbon isotope discrimination in two hybrid poplar families (*Populus deltoides* 'S9 – 2' × *P. nigra* 'Ghoy' and *P. deltoides* 'S9 – 2' × *P. trichocarpa* 'V24'). Ann Bot. 102 (3): 399 – 407.

Sssa O, Vladislava G, Miroslav Z, et al. 2009. Evaluation of interspecific DNA variability in poplars using AFLP and SSR markers. African Journal of Biotechnology. 8(20): 5241 – 5247

Steenackers J, Steenackers M, Steenackers V, et al. 1996. Poplar diseases, consequences on growth and wood quality. Biomass and Bioenergy. 10 (5/6): 267 – 274

Stettler R F, Fenn R C, Heilman P E, et al. 1988. *Populus trichocarpa* × *Populus deltoids* hybrids for short rotation culture: variation paterns and 4 – year field performance. Can. J. For. Res. 18: 745 – 753

Stettler R F, Zsuffa L, Wu R, 1996. The role of hybridization in the genetic manipulation of *Populus*, in: Stettler RF, Bradshaw HD, Heilman PE, Hinckley TM (Eds.), Biology of Populus, NRC Research Press, Ottawa, 87 – 112

Surabhi GK, Reddy KR, Singh SK. 2009. Photosynthesis, fluorescence, shoot biomass and seed weight responses of three cowpea (*Vigna unguiculata* (L.) Walp.) cultivars with contrasting sensitivity to UV – B radiation. Environmental and Experimental Botany. 66: 160 – 171

Tullus A, Tullus H, Soo T, et al. 2009. Above – ground biomass characteristics of young hybrid aspen (*Populus tremula* L. × *P. tremuloides Michx.*) plantations on former agricultural land in Estonia. Biomass and Bioenergy. 33, 1617 – 1625

Villar M, Lefever F, Bradshaw H D, et al. 1996. Molecular genetics of rust resistance in poplars (Melampsora larici – populian Klib/*Populus* spp.) by Bulked Segregant Analysis in a 2 × 2 factorial mating design. Genetics, 143(1): 531 – 536

Wei X H, Yuan X P, Yu H Y, et al. 2009. Temporal changes in SSR allelic diversity of major rice cultivars in china. J Genet Genomics. 36: 363 – 370

Welsh J, Mcclell M. 1990. Fingerprinting genomes using PCR with arbitrary primers. Nucleic Acids Res, 18: 7213 – 7218

Williams J G, Kubelik A R, Livak K J et al. 1990. DNA polymorphism amplified by arbitrary primers are useful as genetic markers. Nucleic Acids Res, 18: 6531 – 6535

Woolaston R R, Kanowski P J, Nikles D G. 1991. Genotype – environment interactions in *Pinus caribaea* var. hondurensis in Queensland, Australia. I. Population × site interactions. Silv. Genet. 40: 224 – 228

Wu R L, Bradshaw H D, Stettler R F. 1997. Molecular genetics of growth of development in *Populus* V. Mapping quantitative trait loci affecting leaf variation. American Journal of Botany, 84(2): 143 – 153

Wu R L, Han Y F, Hu J J, et al. 2000. An intergrated genetic map of *Populus deltoids* based on amplified fragment length polymorphisms. The or Appl Genet, 100 (8): 1249 – 1256

Wullschleger S D, Yin T M, Difazio S P, et al. 2005. Phenotypic variation in growth and biomass distribution for two advanced – generation pedigrees of hybrid poplar. Can J For Res. 35: 1779 – 1789

Xiao X W, Yang F, Zhang S, et al. 2009. Physiological and proteomic responses of two contrasting *Populus cathayana* populations to drought stress. Physiologia Plantarum. 136 (2):

150 - 168

Xiao X, Guo Q P, Cheng C W, et al. 2008. Drought inhibits photosynthetic capacity more in females than in males of *Populus cathayana*. Tree Physiology, 28: 1751 - 1759

Yin C Y, Duan B L, Wang X, et al. 2004. Morphological and physiological responses of two contrasting poplar species to drought stress and exogenous abscisic acid application. Plant Science. 167: 1091 - 1097

Zheng H Q, Lin S Z, Zhang Q, et al. 2010. Functional identification and regulation of the *Pt-Drl*02 gene promoter from triploid white poplar. Plant Cell Rep. 29: 449 - 460

后记

白杨派(Sect. *Populus*)树种是我国黄河流域重要的工业用材林和生态防护林树种，在大陆半干旱带和大陆湿润带等生境范围内广泛栽培并可发挥较大的生产作用。国内外学者在白杨派内种间做了大量的杂交育种工作，培育出一批品种，但是由于材料限制，品种遗传基础狭窄，选育手段和方法较落后，选育的品种很难满足我国工业用材要求，影响了林木产业化进程。因此采用现代生物技术与常规育种相结合的方法对杨树进行遗传改良势在必行。

本书在对杨树杂交育种的基础上，把握国内外研究前沿，综合利用多性状评价方法对白杨杂种无性系的生长、光合指标、抗氧化酶系统进行测定分析，同时把无性系生长过程中的模型构建、参数评价等因素加入评价体系中，使无性系评价更稳定，更有说服力。尤其最后利用分子标记的手段对无性系指纹图谱进行构建，给予各无性系身份的证明。总的来说本书较系统地对白杨杂交育种进行论述，书中许多方法可以为其它林木树种的选育提供依据，书中的结论为新品种和良种的进一步选育提供基础。

转眼间，恩师张志毅教授也已经离去两载有余，值此书稿完成之际，首先对已经离世的恩师表示崇高的敬意和深切的怀念。在博士、博士后学习的过程中，恩师精深的学术造诣、严谨的治学之道、开阔的视野、积极向上的生活态度以及不断开拓的精神，时时引领着我，让我受益匪浅；正如同门师兄妹缅怀恩师时所说，每一个张老师的学生对张老师的感情都无比深厚，因为他就是那样一个正直的人，一个严谨的人，一个朴素的人，一个永远矗立于天地之间的人。在学生们心中，他永远那样高大，那样伟岸，那样和蔼，那样让人难以忘怀。他的一举一动，他的音容相貌，他那坚实的步伐，他那一直前进的信念都成为我们永远学习的目标，成为引领我们进步的桥梁，成为我们为之奋斗的榜样。在此，我想对他深深地说一句："谢谢您!"。

在本书形成过程中，得到了北京林业大学林木遗传育种学科续九如教授、康向阳教授、李云教授、李悦教授、张德强教授、徐吉臣教授、安新民副教授、荆艳萍副教授、庞晓明副教授、李伟副教授、郭允倩副教授、王延伟副教授和胡冬梅老师极大的支持与帮助，也得到了本校生物化学与分子生物学学科汪晓峰副教授的帮助，也向她表示衷心的感谢。

在试验开展过程中，北京林业大学林木遗传育种国家工程实验室的许多研究生参与了试验内容，感谢李善文博士、王泽亮博士、郑会全博士、江锡兵博士、薄文浩博士、雷杨博士、孟丙南博士、姚立新博士、贾香楠博士、路超博士、王利宝博士、曾惠杰博士、杨晓霞博士、任媛媛博士、马开峰博士、刘婷婷硕士、刘文凤硕士、曹冠琳硕士、于来硕士、龙萃硕士、宋跃朋博士、杜鹃硕士、王强硕士、郭斌硕士、王斯琪硕士、陈磊硕士、张亦云硕士、杜庆章博士等人给予的支持与帮助。此外，林木遗传育种国家重点实验室(东北林业大学)的边秀艳博士、宁坤硕士、王子嘉硕士、宋鑫硕士等在书稿编辑和整理过程中也给予了很大的帮助，在此也对他们表示诚挚的谢意！

特别感谢后为老师(Stony Brook University)在第九章模型构建过程中给予的帮助！

由于条件局限和时间的限制，书中尚有不少的疏漏和错误，敬请大家批评指正。

赵曦阳

2013 年 6 月

于东北林业大学

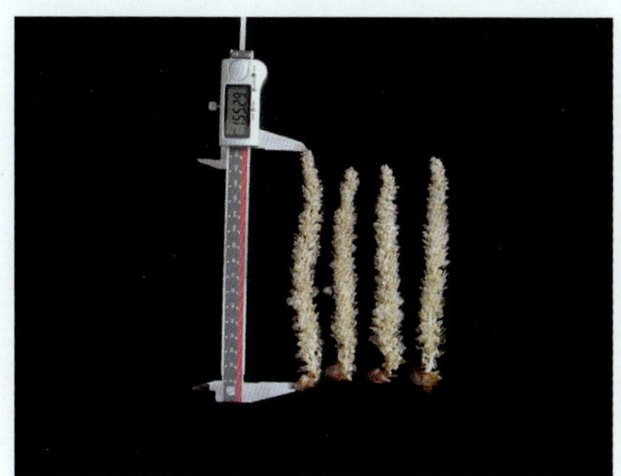

图1 毛白杨雄花花序

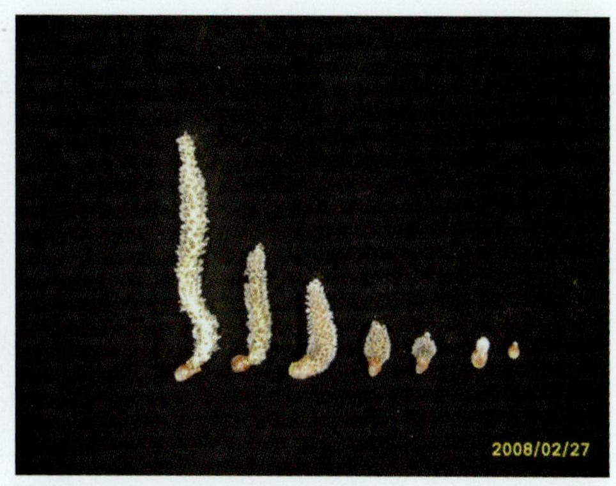

图2 毛白杨雄株花芽发育过程

图3 白杨派不同种雄株花芽形态差异

图4 毛白杨杂交子代组织培养

图5 毛白杨杂交子代组培苗

图6 毛白杨杂交子代幼苗

图7 移苗

图8 白杨派种间杂交子代幼苗

图9 毛白杨种内杂交子代幼苗

图10 毛白杨种内杂交子代幼苗生长差异大

图11 毛白杨种内杂交子代幼苗生长差异大

图12 毛白杨种内杂交子代叶片变异大

图13 保护行无性系BL104

图14 无性系BL104 树干通直

图15 峰峰BL106（左）与BL76对比照片（右）

图16 峰峰白杨杂种无性系对比试验林

图17 峰峰白杨杂种无性系对比试验林

图18 冠县白杨杂种无性系对比试验林

图19 宁阳白杨杂种无性系对比试验林

图20 威县白杨杂种无性系对比试验林